世界有意义吗

[法] 让-马利·贝尔特　皮埃尔·哈比 / 著
薛静密 / 译

图书在版编目（CIP）数据
世界有意义吗 / (法) 让 · 马利 · 贝尔特, (法) 皮埃尔 · 哈比著 ; 薛静密译. -- 北京 : 中国文联出版社, 2019.1
（绿色发展通识丛书）
ISBN 978-7-5190-4018-5
Ⅰ. ①世… Ⅱ. ①让… ②皮… ③薛… Ⅲ. ①环境经济学 – 研究 Ⅳ. ①X196
中国版本图书馆CIP数据核字(2018)第279238号

著作权合同登记号：图01-2017-5503
Originally published in France as :
Le monde a-t-il un sens ? by Jean-Marie Pelt & Pierre Rabhi

世界有意义吗
SHIJIE YOU YIYI MA

作　　者：[法] 让·马利·贝尔特　[法] 皮埃尔·哈比
译　　者：薛静密

出 版 人：朱　庆　　终 审 人：朱　庆
责任编辑：胡　笋　　复 审 人：闫　翔
责任译校：黄黎娜　　责任校对：胡新芳
封面设计：谭　锴　　责任印制：陈　晨

出版发行：中国文联出版社
地　　址：北京市朝阳区农展馆南里10号，100125
电　　话：010-85923076（咨询）85923000（编务）85923020（邮购）
传　　真：010-85923000（总编室），010-85923020（发行部）
网　　址：http://www.clapnet.cn　　http://www.claplus.cn
E-mail：clap@clapnet.cn　　hus@clapnet.cn

印　　刷：中煤（北京）印务有限公司
装　　订：中煤（北京）印务有限公司
法律顾问：北京市德鸿律师事务所王振勇律师
本书如有破损、缺页、装订错误，请与本社联系调换

开　　本：720 × 1010　　1/16
字　　数：60千字　　印　张：8
版　　次：2019年1月第1版　　印　次：2019年1月第1次印刷
书　　号：ISBN 978-7-5190-4018-5
定　　价：32.00 元

“绿色发展通识丛书”总序一

洛朗·法比尤斯

1862年，维克多·雨果写道：“如果自然是天意，那么社会则是人为。”这不仅仅是一句简单的箴言，更是一声有力的号召，警醒所有政治家和公民，面对地球家园和子孙后代，他们能享有的权利，以及必须履行的义务。自然提供物质财富，社会则提供社会、道德和经济财富。前者应由后者来捍卫。

我有幸担任巴黎气候大会（COP21）的主席。大会于2015年12月落幕，并达成了一项协定，而中国的批准使这项协议变得更加有力。我们应为此祝贺，并心怀希望，因为地球的未来很大程度上受到中国的影响。对环境的关心跨越了各个学科，关乎生活的各个领域，并超越了差异。这是一种价值观，更是一种意识，需要将之唤醒、进行培养并加以维系。

四十年来（或者说第一次石油危机以来），法国出现、形成并发展了自己的环境思想。今天，公民的生态意识越来越强。众多环境组织和优秀作品推动了改变的进程，并促使创新的公共政策得到落实。法国愿成为环保之路的先行者。

2016年“中法环境月”之际，法国驻华大使馆采取了一系列措施，推动环境类书籍的出版。使馆为年轻译者组织环境主题翻译培训之后，又制作了一本书目手册，收录了法国思想界最具代表性的40本书籍，以供译成中文。

中国立即做出了响应。得益于中国文联出版社的积极参与，“绿色发展通识丛书”将在中国出版。丛书汇集了40本非虚构类作品，代表了法国对生态和环境的分析和思考。

让我们翻译、阅读并倾听这些记者、科学家、学者、政治家、哲学家和相关专家：因为他们有话要说。正因如此，我要感谢中国文联出版社，使他们的声音得以在中国传播。

中法两国受到同样信念的鼓舞，将为我们的未来尽一切努力。我衷心呼吁，继续深化这一合作，保卫我们共同的家园。

如果你心怀他人，那么这一信念将不可撼动。地球是一份馈赠和宝藏，她从不理应属于我们，她需要我们去珍惜、去与远友近邻分享、去向子孙后代传承。

2017年7月5日

（作者为法国著名政治家，现任法国宪法委员会主席、原巴黎气候变化大会主席，曾任法国政府总理、法国国民议会议长、法国社会党第一书记、法国经济财政和工业部部长、法国外交部部长）

“绿色发展通识丛书”总序二

铁凝

这套由中国文联出版社策划的“绿色发展通识丛书”，从法国数十家出版机构引进版权并翻译成中文出版，内容包括记者、科学家、学者、政治家、哲学家和各领域的专家关于生态环境的独到思考。丛书内涵丰富亦有规模，是文联出版人践行社会责任，倡导绿色发展，推介国际环境治理先进经验，提升国人环保意识的一次有益实践。首批出版的40种图书得到了法国驻华大使馆、中国文学艺术基金会和社会各界的支持。诸位译者在共同理念的感召下辛勤工作，使中译本得以顺利面世。

中华民族“天人合一”的传统理念、人与自然和谐相处的当代追求，是我们尊重自然、顺应自然、保护自然的思想基础。在今天，“绿色发展”已经成为中国国家战略的“五大发展理念”之一。中国国家主席习近平关于“绿水青山就是金山银山”等一系列论述，关于人与自然构成“生命共同体”的思想，深刻阐释了建设生态文明是关系人民福祉、关系民族未来、造福子孙后代的大计。“绿色发展通识丛书”既表达了作者们对生态环境的分析和思考，也呼应了“绿水青山就是金山银山”的绿色发展理念。我相信，这一系列图书的出版对呼唤全民生态文明意识，推动绿色发展方式和生活方式具有十分积极的意义。

20世纪美国自然文学作家亨利·贝斯顿曾说："支撑人类生活的那些诸如尊严、美丽及诗意的古老价值就是出自大自然的灵感。它们产生于自然世界的神秘与美丽。"长期以来，为了让天更蓝、山更绿、水更清、环境更优美，为了自然和人类这互为依存的生命共同体更加健康、更加富有尊严，中国一大批文艺家发挥社会公众人物的影响力、感召力，积极投身生态文明公益事业，以自身行动引领公众善待大自然和珍爱环境的生活方式。藉此"绿色发展通识丛书"出版之际，期待我们的作家、艺术家进一步积极投身多种形式的生态文明公益活动，自觉推动全社会形成绿色发展方式和生活方式，推动"绿色发展"理念成为"地球村"的共同实践，为保护我们共同的家园做出贡献。

中华文化源远流长，世界文明同理连枝，文明因交流而多彩，文明因互鉴而丰富。在"绿色发展通识丛书"出版之际，更希望文联出版人进一步参与中法文化交流和国际文化交流与传播，扩展出版人的视野，围绕破解包括气候变化在内的人类共同难题，把中华文化中具有当代价值和世界意义的思想资源发掘出来，传播出去，为构建人类文明共同体、推进人类文明的发展进步做出应有的贡献。

珍重地球家园，机智而有效地扼制环境危机的脚步，是人类社会的共同事业。如果地球家园真正的美来自一种持续感，一种深层的生态感，一个自然有序的世界，一种整体共生的优雅，就让我们以此共勉。

2017年8月24日

（作者为中国文学艺术界联合会主席、中国作家协会主席）

目录

3

人类

问题在哪里？

生命与宇宙的意义这个问题，在我们如今崇尚物质消费的社会的媒体大潮中属于一大空缺。对于中世纪的人类来说，生命的意义超越了世间的存在感，是人们期许通过虔诚地遵循宗教戒律，尽量妥善地处理不测风云，而通往极乐世界的过程。而宇宙则是亘古不变的，在亚里士多德看来，它是静止且没有进化的。

对于我们很多同时代人来说，意义这一问题已不再是问题，或至少不再是很显然的问题。其答案可以在一些替代了昔日宗教的“新兴宗教”中找到：使人痴迷的金钱，自以为可以改变世界的科技。宗教徒们，则依旧在各自的圣书中寻求答案。然而，科学试图回答“怎样”句式的问题，生命、自然、宇宙是怎样运转的？《《圣经》》《古兰经》及富有东方智慧的奠基性文章，都对保罗·高更在波利尼西亚时提出的问题给予了答案：我们从哪里来？我们是谁？我们要去往哪里？尤其是我们要去往哪里？

“意义”一词包含了两层意思：方向或者含义。那么问题就变成了：我们能否在宇宙进化中觉察到方向？如果第一个问题的答案是肯定的话，那么这个方向是否带有一定的含义?

第一个问题的答案就蕴藏在我们的文化中，而大部分科学家只在宇宙万物的进化过程中看到了偶然性和突发性。他们通常强烈地否认，认为这一进化过程是毫无方向可言的。因此，关于意义这个问题显得既具挑衅性又不合时宜。我们一旦提及，它便被排除在社会的重大议题之外，退回到私人领域或藏在人们内心。每个人都应该根据各自的情况而尝试着寻找自己的答案。

在此，我们尝试对意义即宇宙演变的方向这一问题给出自己的答案。当我们冒险地去探索这笼统且又因时而异的议题时，应该保持谦逊的心态。

在现代社会中，同理心的匮乏，加上利己主义以及放松懈怠的生活方式，使得社会关系断裂，导致某些新价值观应运而生，例如团结、交际、博爱、合作、互利共生、人道主义……我们认为这里面应该加入结合性，这个词至今只用于数学方程式中。在我们看来，这一概念其实应该扩展到更广泛的领域。纵观宇宙历史，结合性也就是两个或两个以上的简单个体结合成更复杂的个体的过程，并伴随着新属性的诞生。

从宇宙大爆炸到人类诞生的过程，我们聚焦于新属性的产生。我们认为，这是宇宙进化的动力之一。

当然，这并非一个全新的概念：德日进[①]曾证明生命可以在具有一定复杂程度的矿物世界中出现，然后宇宙进化史就迈出了“生命的脚步”。很长一段时间之后，当生命在人类大脑发展的过程中达到了极为复杂的水平时，意识开始产生，认知能力开始大爆发，生命迈出了“意识的脚步”。因此，我们只是借用“结合性”这个词语，其概念本身并不新鲜，只是结合性的普及是前所未有的。

从宇宙大爆炸到人类的出现，演化经历了循序渐进的过程。在宇宙演化之前，最简单的分子之一水分子由两个氢原子和一个氧原子结合产生。水分子的性质完全不同于它的两个组成元素，水的产生使后续步骤得以进行，这时的生命只能在水中存活发展。在演化的最后阶段，人类大脑中几万亿个神经元的相互连接使生命进入了一个至关重要的新阶段，因为人类文明即将由此产生。

在这本书中，我们会阐明宇宙演变的各个阶段，而每个阶段都有“结合性”的参与及新属性的产生，回想起帕斯卡的格言：“全体大于各部分的总和。”在这个论证过

---

① 德日进（1881—1955）：法国古生物学家，天主教神父。在中国工作多年，是中国旧石器时代考古学的开拓者之一。

程中，我们将尝试保持中立的同时，剖析所有形而上学色彩的言论，并以科学界已经无可争议且接纳的事实为依据。尽管如此，将人类看作终极产物必定会引发争议，当代社会将人类置于宇宙的巅峰，与中世纪末以来地球不再是宇宙中心的学说背道而驰，当时以哥白尼和伽利略为代表的人类中心论学派遭受了第一次失败。我们遭受的第二次失败是，达尔文学说指出了人类的动物性，使人类成为无异于其他动物的某种生物，迷失在位于银河系某个遥远角落的太阳系之中。一位朋友就这一问题给我写信：谈及“宇宙大爆炸到人类”，暗示了这其中包含了方向和进步，以及一条以人类为终极产物的单方向路径，然而人类仅仅是137亿年以来宇宙分娩出的“数十亿计乃至数十万亿计的‘事物’中的一种”…… 这位朋友还补充道：“当然，我们对人类比对大肠杆菌或蟑螂更感兴趣一些……”其实，我们的生命系统无论在化学还是生理学上都与大肠杆菌和蟑螂极其相似，但我们多了一个会思考的头脑，自我思考并思考整个宇宙。我们必须观察到一个令人惊讶的现象，“进步”作为一个侵入式的概念被引用到各个领域，尤其是在经济领域，却被演化生物学完全摈弃……

要想回到这个论证的起初点，我们应该倒退到宇宙大爆炸，它是宇宙发展史这条汹涌大河的源头。

1

矿物世界

宇宙大爆炸之前

一切始于那一刻

直至20世纪初，人们一直未真正关注过宇宙的起源。亚里士多德设想一个永恒静止的宇宙将自己以无数颗星体的形式投射到天空中。任何人都没有想到我们的太阳只是其中一颗。1927年，鲁汶大学教授乔治·勒梅特神父在布鲁塞尔科学协会的定期刊物中发表了一篇名为“衡量且加速膨胀的均质宇宙”的文章。勒梅特神父假设了一个不断膨胀的宇宙模型，与爱因斯坦于1915年提出的相对论的概念背道而驰，爱因斯坦提出的宇宙模型是静态的。然而，1922年，俄国数学家及天文学家亚历山大·弗里德曼证明了根据爱因斯坦的相对论也可以设想出一个非静止的，而是在膨胀或收缩的宇宙。勒梅特神父并不了解于1925年逝世的俄国同僚的研究工作，但是他们的观点却不谋而合，他们都认为可以根据爱因斯坦的方程式推测出一个不断膨胀的宇宙。与勒梅特神父相识并多次碰面的爱因斯坦对此的回应是：“您的算数是正确的，但您的物理未免太差了！”自相矛盾的是，爱因斯坦在提出广义相对论的时候，其实可以推算出宇宙的膨胀，但是他却更改了方程式，并在其中加入了宇宙学“常数”，由此得出宇宙是静态不变的结论。

勒梅特曾在顶级国际学府深造，包括哈佛大学和麻省理工学院，他推论出宇宙从最初致密炽热的状态不断膨胀。从那时起，宇宙就没有停止过膨胀和冷却，直至达到我们今天所认识的茫茫宇宙的状态。

勒梅特的论点从哈勃的河外星系红移量与到地球的距离成正比的理论中得到了判据。这种原理被银河系光谱均呈红色所证实，由距离和红移速度而定。在论证过程中，哈勃以多普勒效应为依据。多普勒是奥地利物理学家，他发现当声源相对收听者而发生移动时，收听者听到的声音频率也会发生变化。在同样的距离，正在靠近的救护车的警报听上去会比正在远离的救护车的警报的音调更高。同样地，银河系也给我们发出一些视觉信号，它们红移的频率取决于远离的速度。

膨胀的宇宙模型迟迟没有得到科学界的认可。在 20

世纪 50 年代，英国天体物理学家弗雷德 · 霍伊尔为静态宇宙学说辩护，并意图奚落膨胀宇宙学说的拥护者，他在 BBC 的一次采访中，使用了“大霹雳”这个在他看来具有贬义的字眼来指代大爆炸理论……

然而，当代物理学界至今仍无法推算出宇宙大爆炸的时间奇点 T。在这个关键性的时间点，物理定律并不适用。无形中科学界达成一种共识，即物理学唯有使相对论和量子力学形成一致的前提下，才能探索时间奇点 T，然而革命尚未成功。所以，年青一代的出类拔萃的物理学家们，还需要在革命的道路上继续努力！就目前而言，物理学继续被这堵“墙”阻挠，这堵“普朗克[①]之墙”。物理学最多只能回到时间奇点 T 的 10^{-43} 秒之后。

我们通常认为大爆炸用了单位极其微小的致密炽热的奇点，但在这一点上，物理学使我们的预感和演算都变得迷茫，因为这很可能并不是一个点，我们更无法将其在当前的宇宙空间中精准定位。无论如何，紧接着“普朗克之墙”[②]之后，宇宙占用了大约百万兆亿分之一（10

① 普朗克：量子力学创始人。

② 普朗克时间是指时间量子间的最小间隔，10的-43次方被称为“普朗克之墙”，是现今科学家研究的极限。

^{24}）的空间，即一个质子的千亿分之一的大小。紧接着它迅速成长，也就是我们所说的“膨胀期”。在一个破纪录的时间单位里，小至时间奇点 T 之后的 10^{-32} 秒内，宇宙从一个微乎其微的小点变成了橘子大的小球，再迅速地变成了一堆球状星团。这个依旧混沌的“小”宇宙，不存在光子，没有光线流动。因此，仅需要 10^{-32} 秒使原始爆炸将年轻的宇宙投射至时间和空间维度中。之后，基本粒子产生了，其性质与布局都是物理学家所说的“标准模型”的基本组成条件。在这些粒子中，电子、光子、夸克、玻色子等诸多其他微粒形成了“一锅汤”，一个无结构的等离子体。

扩张或者膨胀似乎与牛顿提出的万有引力定律相违背，根据该定律，任何物体相吸引取决于其质量和距离的平方。这么说的话，宇宙应该向内收缩，缩成一团。然而，并非如此！为什么呢？大爆炸之前是怎样的呢？

有一种假说认为，宇宙的合成物之一——奥秘无比的暗能量在压制万有引力的吸引过程中产生了膨胀。这是目前比较受推崇的说法。我们想象，在大爆炸之前，暗能量可能在与万有引力的对决中失败了。总之，宇宙的膨胀似乎减缓了，然后又忽然改变了方向，达到了一个极其紧缩的状态。收缩成大挤压状态的宇宙从大爆炸之后再次开始进入膨胀期：我们现在的宇宙。根据这个假说，宇宙从收缩状态到膨胀状态不断交替。然而，这一假说依旧备受争议。

最近刚提出的且更不大可能的多重宇宙论认为，我们的宇宙只是可能存在的诸多宇宙中的一个。世上可能存在着不计其数的宇宙，我们只不过是很幸运地选对了领地，恰巧站在了人类获得主宰权的宇宙上，在这里，人类甚至可以去反思宇宙。在生命的抽奖游戏中，我们选对了数字。但是，没有任何的科学事实可以证明这种假说。

而著名的“弦理论”认为，事实上并非只有三维或四维空间，而是十一维空间，但这不是建立在任何科学依据上的，它是从数学方程式推算出来的。

大爆炸之前这一问题对于物理学界来说，依旧是个未解之谜。

既然这个问题缺乏科学答案，那就回到一些伟大的宗教和信仰中寻找答案。为了言简意赅，我们只选择探讨其中我们接触到最多的一种，即犹太基督教教义。

在《圣经》中，《创世记》的开头很有名：“起初，神创造天地。”对亚里士多德而言，这个宇宙是静止不变的！希伯来语《圣经》使用“起初”作为开篇词，《创世记》的作者开始叙述六天的创世经过，之后紧接而来的是安息日。但之前呢？是否有一个之前的存在？《箴言》用旧约全书里最美的文字回答了这个问题：

“这是耶和华赐给我的智慧。”在耶和华还没有造化的起头，在太初创造万物之先，就有了我。

从恒古，从太初，未有世界以前，我已被立。……

他立高天，我在那里，他在渊面的周围，划出圆圈，上使苍穹坚硬，下使渊源稳固，为沧海定出界限，使水不越过他的命令，立定大地的根基。

那时，我在他那里为工师，日日为他所喜爱，常常在他面前踊跃。

踊跃在他为人预备可住之地，也喜悦住在世人之间。

众子啊，现在要听从我，因为谨守我道的，便为有福。

听从我，日日在我门口仰望，在我门框旁边等候的，那人便为有福。

因为寻得我的，就寻得生命，也必蒙耶和华的恩惠。得罪我的，却害了自己的性命，恨恶我的，都喜爱死亡[1]。

---

①《箴言》，第 8 章，22—35 节。

科学找不到答案的地方，诗歌可以用如此天真无邪和鲜活的语言叙述，就像一个聪明爱笑的孩子，为世间的美丽而惊叹。

粒子活跃期

基本粒子结合成原子

膨胀期转瞬即逝，在时间奇点后的 10^{-32} 秒之内便结束了。紧接着，宇宙进入粒子时期。我们前面提到过，在这些粒子中，有夸克、电子、原子、光子及其他微粒。

在处于盛年的浩瀚宇宙中，物质与反物质间展开了一场凶猛的决斗。每一个代表着物质的微粒都在反物质里具有相对应的反电荷微粒：夸克与反夸克，负电子与正电子。然而，物质的数量要比反物质多一点（多十亿分之一），两者相互撞击，到最后物质胜出，反物质消亡。如果假设物质与反物质之间是完全对称的，那么一切都会消失殆尽，我们也不会有机会在这里谈论了……

反物质的毁灭记载了宇宙在盛年时期可以察觉的第一次星际冲突，它预言了很久以后我们会在物质、生命与意识世界遇到的冲突。合作与竞争，善与恶，专政与民主，如此多的力量在较量，而我们会发现：结合原理一直从中调节。

正反物质间对决后，留下了很多基本粒子，它们的性质与布局为物理学中“标准模型”提供了基本条件。这个模型预言了许多基本粒子的存在与作用，其中包括之前从未被证实但名声很大的“希格斯玻色子”。2012年6月，经过缜密细致的科学研究后，通过位于日内瓦的欧洲核子研究中心的大型加速器，物理学家们最终证实了玻色子的存在，同时也确认了标准模型的合理性。这些玻色子与非物质粒子夸克相结合，给予后者质量。因为，在与玻色子相互作用之前，夸克也只是一个没有实际物理性质的函数方程。与玻色子结合后，它变成了我们概念中的物质。我们在这其中可以看到结合原理的参与，是它创造了质量（mass）这个概念，随之产生了一些结果，尤其是对万有引力法则的屈服。

夸克并不以自由形式存在，于是也开始相结合。当两个夸克U和一个夸克D相结合时，就形成了一个带正电荷的原子。相反地，一个夸克U和两个夸克D相结合会形成一个不带电的中子。字母U和D是英语单词up和down的缩写，随机挑选的。夸克分好多种，它会参与到其他通常较稳定的组合中。

宇宙在“衰老”，奇点 T 的 3 分钟之后，它已经含有了最初的氢原子核（质子）和氦原子（两个质子和两个中子）。然后，它继续变大，密度变小，温度降低。时间流逝，我们到了奇点 T 的 30 万年之后，温度降到了 3000℃。最初的原子就形成了，因为由中子和质子组成的带正电的原子核捕获了带负电的电子。一个质子和一个电子组成一个氢原子；两个质子和两个中子及两个电子组成一个氦原子。这些原子，从概念上来讲是中性的，因为组成它的粒子之间的正负电荷相抵消。

到这个阶段，我们可以观察到结合原理上演了三次：希格斯玻色子和夸克结合形成物质；夸克相互结合形成原子核；原子核与电子结合形成氢原子和氦原子。每一次的结合都创造出了新事物。

现在，我们到了奇点 T 的 38 万年之后。温度降到了 3000℃以下。光子是微粒与反微粒碰撞后产生的光的载子，也就是说光子一直隐藏在物质与反物质之间，被原始等离子体和杂乱无章的电子活动禁锢，它趁着处于盛年的宇宙正在减低密度而进行辐射。被原子核捕获的电子不再对它们形成干扰。整个宇宙在绚丽无比的光束中融为一体。

教宗庇护十二世于 1951 年 11 月 22 日在教宗科学院

发表的著名演讲《现代自然科学证明神的存在》中提到，他在处于盛年的宇宙突如其来且盲目的燃烧中看到了“想有光，就有了光”的实证。乔治·勒梅特并不赞成将信仰和科学，及《圣经》和天文物理联系在一起，然后他便上书教皇，希望受到召见。这个传说中很喜欢自己的学生在课堂上起哄的伟大的物理学家，最终说服庇护十二世重新发表言论，希望通过科学的最新发现与《创世记》中的描述的一致性来“证明”神的存在。梵蒂冈似乎并没有怪罪于他，因为勒梅特很快就被若望二十三世任命为教宗科学院主席。

这件事体现了科学与信仰之间辩论的复杂性。两个论题形成对立：协调论与相互独立论。对于协调论来说，《圣经》上的经文没有任何理由可以被科学驳回。基督教认为《圣经》是受到神启示的文字。已故美国古生物学家史蒂芬·杰伊·古尔德对此表示赞同：“精神权威不能独揽一切。”科学与信仰各自持有不同的观点，因为它们有着不一样的语言：《圣经》通过神话、符号和诗歌，所使用的是形象化语言，且能“产生意义”。需要记住的是“寓言中的道德”以及对经文的领悟。科学则恰恰相反，它具有分析性与还原性。科学依据的是切实存在和已被求证的事实。科学不讲究“产生意义”，科学讲究的就是科学！

关于创造论的争论，尤其是在美国，某些传教士具有协调主义的倾向。将《创世记》中描述的六天与起源科学的研究发现联系在一起，也就是否认了科学的所有探索，无论是在天文物理方面还是在生物学方面，这恐怕无法成立！

星体生命

原子通过结合原理不断增多

玻色子与夸克结合产生质量后，牛顿的万有引力定律开始登场，它认为所有物体之间的引力大小与其质量成正比，与其距离的平方成反比。氢原子和氦原子相互吸引，形成密度越来越大、温度越来越高的“云团”，因为一种气体的温度会因为其密度的增大而升高。这些“云团”就像天体的收容所，当温度达到 1500 万摄氏度时，它们就变成了星体。

最初的星体在宇宙大爆炸的 4 亿年后形成。然后它们开始了我们熟知的反应：两个氢原子和两个中子结合成一个氦原子，这被称为热核反应。这个燃烧散发出了巨大的能量，与爱因斯坦著名的能量公式完全符合：$E = mc^2$。氢原子在结合成氦原子的过程中丢失了一点质量，根据这一公式正是丢失的质量转化成了能量，c 是光的速度。丢失的质量释放出了巨大的能量。这种热核能量自45 亿年以来，一直源源不断地从太阳上释放出来，它将会持续至少同样长的时间，为我们的地球提供足够的能量来支持生命的诞生与延续。但是再过 10 亿年，太阳的升温会对地面上的生命造成问题。

人类的伟大梦想之一是通过控制这一燃烧反应获取源源不断的无污染低成本的能量。这就是在法国罗讷河口省的卡达拉切市开发的国际热核聚变实验堆（Iter）项目。这一项目联合了欧盟、美国、俄罗斯、日本、中国、韩国和印度。这是人类到目前为止最大胆的工业项目。它的目标是评估通过核燃烧反应堆由氢原子获取氦原子的可行性，更确切地说，是由氦原子核内的中子带来的它的两个同位素：氘和氚。热核炸弹，或称“H 炸弹”能够获得这种结果。热核炸弹被一颗普通原子弹的爆炸启动，将氢元素投入了极高的温度中，以突然且爆发性的方式，最终将氢融合成了氦。其目的是控制及调节这个燃烧反应，最终使能量可以轻松地转换成电力。这个需要巨大经济投入的项目，并没有得到研究原子世界的物理专家的一致认同。其中的困难之一是无法将这一燃烧反应封锁在一个密闭的空间中进行，目前没有任何一种材质可以忍耐燃烧所需要达到的温度。因此，我们设想建立一个虚拟的磁性密封壳。但这是一场既冒险又昂贵的赌博，巴黎高等师范学校的物理学家塞巴斯蒂安·巴里巴赫就此总结道："有人跟我们说要把太阳装到盒子里，听起来很美好，但问题是我们还不会造这样的盒子！"

太阳在它的中心进行燃烧反应，而最边缘的地带就构成了这个星体的密封壳。要想让太阳达到它寿命的一半，这个燃烧反应需要持续100亿年。这种燃烧的条件是星体温度达到1500万摄氏度。当太阳年岁渐增时，它的中心就会慢慢变热。这也是在巨型星体内发生的现象。当温度达到1亿摄氏度时，太阳就会开始进行新阶段的燃烧。氦原子三个挨着三个集结，形成碳原子。碳原子再捕获一颗新的氦原子，以形成氧原子。

燃烧程序会随着温度的升高而继续。像天鹅座中的天津四这样一颗星体，在夏季大三角中特别显眼，它有着比太阳大10倍的质量。在6亿摄氏度的温度下，碳原子融合成镁。在温度达到10亿摄氏度之后，燃烧中开始出现磷和硫，这两个原子将会在生命进程中扮演重大角色。

燃烧继续扩散，其中融入了铁元素。当温度达到30

亿摄氏度时，铁中心会达到一个惊人的密度值，即一千吨每立方厘米！这些巨型星体到了生命的尽头便爆炸，放射出无数颗原子到星际真空带，它们就变成了超新星。它们最后两次出现在银河系要追溯到 1572 年和 1604 年，这两次出现被天文学家第谷 · 布拉赫和约翰内斯 · 开普勒进行了详细的描述。从那之后，再也没有别的超新星出现在银河系中。一颗超新星的光芒可以在几十亿光年之外看见，而这个令人叹为观止的火盆就是重量级原子燃烧的根据地，这些原子也是炼金术中的元素：铁、铅、银和金。

从小型星体到巨型星体的燃烧反应，创造出了 92 个元素和大自然中存在的众多同位素，由俄国科学家门捷列夫收录在元素周期表中。除了这些原子外，还需要加上人类用智慧创造出的或是源自铀的自发裂变的放射性原子。

在这部元素诞生的“创世记”中，只需要把“燃烧”这个词换成“结合”，就可以从简单的轻原子结合成“重量级”原子的过程中，看到结合原理在星体演化中的运用。即便是所有的原子都由质子、中子和电子组成，每个原子也都有自己独特的化学属性。这些属性取决于电子的数量和电子在原子核周围的位置。

原子在天空的深处形成，再一次将结合原理运用到了无机世界中，并带来了新的属性。这些属性为矿物化学奠定了基础：无机化学。

星际生命

从热到冷，从原子到分子

组成人体和大千世界中其他个体的原子，都能在宇宙的星体中心找到。正如贝尔·席夫所言，我们都是“星尘”[1]。当一颗星体死亡时，被投射到星际真空带的原子将会再次由于万有引力法则而相互吸引，合并组成分子。这些分子不能在星体内部形成，因为它们在高温下不能保持稳定状态。相反地，星际的中心又空又冷：大概平均每立方厘米有一个原子，而在大气中，每立方厘米有几十万亿亿个原子！这里的温度在绝对零度左右：–273℃。也就是说，在星体中形成的原子，在爆炸时，从一个高密度的空

① 贝尔·席夫：《星尘》，Seuil 出版社，1984 年。

间转向真空中，从热环境转至冷环境。

正是在这样的情况下，原子集结形成了分子。比如，两个氢原子和一个氧原子结合在一起，形成一个水分子。水有着氧气和氢气没有的特性，最明显的特性是，水是无数个组成生命材料的其他分子最受欢迎的溶剂。这里，我们再一次见证了结合原理带来了新的特性。

一些巨型云团由此形成，它们的组成元素通过万有引力定律相互吸引。这些云团在自转的同时，自身温度不断升高，因此，总是会有新的星体在宇宙中燃烧起来。在这些星体中，有我们诞生在大约 45.7 亿年前的太阳。在它的中心，热核反应启动，一些重量级分子在圆盘中聚集成团粒，再慢慢变成一颗颗行星。我们再一次见证了结合原理。这些团粒起初只有一颗微小的灰尘大小，然后通过万有引力定律，变成一粒沙子、一颗珠子、一个小圆球、一个大皮球。然后，团粒继续变大，变成一块岩石、一座山。越来越多的重量不断增加的个体出现，我们称之为“微行星”。至少我们认为是这样：地球是在大约 45.7 亿年前由十个巨大的微行星集结在一起而形成的。在这个吸积过程中，促使地球形成的一些蔚为大观的新特性应运而生，它们就是生命与意识，这些特性是太阳系中其他星体所不具备的。在这之外，是怎样的呢？

没有人知道。

然而，最大的望远镜可以让我们观察到在其他星体周围环绕的行星，天文学家把关注点都集中在寻找液态水源，因为它是生命形成的关键因素。火星是这一探索的主要基地。我们认为，火星在初级阶段是有河流的。但是，我们现在却怎么也找不到，因此也找不到任何生命迹象，即便是很微小的。

确定的是，这个“火红星球”的南北极都覆盖着一个由二氧化碳和冰组成的冰盖。但是，鉴于这颗比我们离太阳还要远的行星上的温度，它几乎没有什么可能可以供应液态水源。

星体死亡后，抛散的原子形成了很多其他分子，比如比较小的分子有二氧化碳、氨、乙炔、甲酸等；大的分子如氧化铁、氧化钙、氧化硫和氧化镁。它们通过万有引力和吸积才能形成行星。

吸积不一定会形成新的岩状星体，两个或多个星体集结在一起也不会变成一个更大的星体。当两个岩状星体相交时，它们可能合并在一起或者撞得粉碎。那么，我们是否还可以称之为结合原理呢？不完全是，因为在这种撞击后不会有新的属性产生，至少在太阳系中，除了承载生命的地球之外。当然，每个星体的大小、形状、温度、演变时间等都不一样。如果我们可以造出这样一个新词，那就是令人惊叹的“宇宙多样性”！但既没有新的属性，也没有生命。

2

有机世界

生命的起源

结合原理发明 DNA 和叶绿素

当生命出现的时候，地球形成还没有超过 10 亿年。此时，火山四处喷发，陨石雨落不停，地球正上演着一系列剧变。生命正是在这样的情况下诞生的。但究竟是如何诞生的呢?

我们从掉落在地面上的陨石中发现了构成生物的一些基本分子，特别是氨基酸。1969 年掉落在澳大利亚的默奇森陨石上就发现了 70 多种分子，其中有 8 种是蛋白质的成分。这些来自太空的生命材质做成的“砖块”不禁使我们浮想联翩：我们所认识的生命是否有可能在宇宙的另一个地方诞生?

生命来自太空这一想法来自瑞典学者斯凡特·奥古斯特·阿伦尼乌斯，他是 19 世纪末第一个推理出二氧化碳会产生“温室效应”的科学家。他认为，生命在地球上播下的种子应该来自外太空。如果事实如此，这只能使情况变得更加复杂，因为我们不知道生命是如何在地球上诞生的，我们更无法确定它如何会在地球之外的其他地方诞生。这个归纳为“宇宙生物学”范畴的问题到目前为止还没有答案。

另一个推论被提议用来解释生命的起源：最初的那些分子和生命砖块，有可能是在地球的原始大气中产生，然后被雨水带到了温热的海洋中，这时生命的程序才开始启动。这一推论由俄国科学家亚历山大·伊万诺维奇·奥巴林于20世纪初提出。他认为，地球的原始大气由甲烷、氨、水、氢等基本分子构成；是一种灰色的、有毒且不适合生命存在的大气。与其说是大气层，倒不如说是“毒气层”！这个原始环境被暴风雨下的一道道闪电划破。美国科学家史丹利·劳埃德·米勒在实验室里重建了这样一种大气，并在当中射入电弧，最终于1953年在他的实验球里获得了四种氨基酸，这些简单分子是构成生物的基本分子。

第三种假设认为生命源自海底深处，富含硫化物的“黑烟囱”从海底深处不断喷出沸腾的热泉。这些特殊环境中激烈的化学活动也促成了一些生命基本分子的产生。

这三种并不确定的假设，它们相互之间并不排斥。但确定的是，生命有两个基本条件：其一，水是所有生物的组成成分；其二，碳原子的化学属性使其非常渴望与氧分子、氢分子、氮分子等集结在一起，另外还有硫和磷。

生命材质的最初一批砖块来源于六种原子结合而成的分子，尤其是合成的氨基酸和糖类。碳的化学属性使其形成一些简单的分子，它们通过结合原理不断复杂化，直至形成具有复杂结构的分子，每一个都被赋予了生命现象中的新特性。生命的“化学多样性”（又一个新词）是没有界限的。

这些糖类或氨基酸类小分子，以及其他基本成分通过结合原理集结在一起，就像一条链子的链环，以组成长长的大分子。以这样的方式，葡萄糖生成淀粉，氨基酸生成蛋白质。科学家们还发现，在好几千米的海底深处，从海底热泉流散出的气体，封锁着作为细胞膜结构的组成部分的碳氢化合物长链。科学家们试图在实验室里合成一些分子的还原模型，通过细胞膜与外界环境隔离，里面含有蛋白质和糖，但是没有成功。

生命世界的所有分子都含有核酸，其中包括有名的DNA。它们的分子结构比较复杂，即便是组成它们的材料比较简单：磷分子、含氮分子、氨基的化合物和糖类，如核糖或它的衍生物脱氧核糖，核糖名字中带有 ribes（源自拉丁文，指黑醋栗），这是我们第一次发现核糖。这些分子三个成组，每组都命名为一种核苷酸。每一种核苷酸的结构里含有一个核碱基，根据核碱基的性质，这些核苷酸分为四种。然后，根据其包含的糖类的性质，核苷酸通过结合原理合并成一条长长的核糖核酸（RNA）或脱氧核糖核酸（DNA）。

核苷酸相互结合，犹如一根链条的链环。它们根据精确的顺序排列在 DNA（或 RNA）之中。分子生物学在这条长长的核苷酸上查找出了一些特殊序列：基因。每一个序列都包含着一部分使得生命机体可以成长和运行的信息。DNA 也就是其载体生命的基因工程。

一个人类 DNA 包含了 1500 亿个原子，相当于 30 多亿个核苷酸，这些核苷酸目前已经被分出很清晰的序列；它们在 DNA 上的排序已经明了，人类基因组包含的基因大概有 26000 个。

地球上任意两个人的基因相似度高达 99.9 %，这导致人种的概念被弱化，但我们仍然可以通过 DNA 识别每个人。

有科学家认为，在地球生命史中，DNA 比 RNA 出现得晚些；前者取代了后者，是因为前者在长期储存大量数据上更具优势、更加稳定。RNA 在分子中起到了至关重要的作用，它将包含在 DNA 中的基因信息转录成负责机体的生命运作的分子：酶、荷尔蒙等。

DNA 与 RNA 的形成得益于核苷酸这些链环和结合原理。这些关乎生命运行的重要特性因此应运而生。但是，这些核苷酸如何排列成一种合乎逻辑的语言呢？它们是如何排列成准确的顺序，以构成如此一个大的计划的呢？

在这样的生命奥秘之前，杰出的科学家弗朗西斯·哈利·康普顿·克立克和詹姆斯·杜威·沃森于 1953 年描述了 DNA 结构，贾克·莫诺于 1965 年获得了诺贝尔医学奖，他们不断思考的同时，也有了自己的困惑。这个问题至关重要：核苷酸为什么以及如何排列成特殊序列，以组成带有一个或多个基因信息的基因？只要基因中的一个或多个核苷酸没有排列在自己的位置，基因就会失去它包含的全部或部分信息。到这里，我们似乎感受到这种巧合带来了很大的好处，我们想象核苷酸只是凑巧结合成了准确的序列。这个巧合可以比喻成一个人随意抽取一些字母，然后一个接一个排列，并组成一篇合理且有意义的文章。我们有多少可能会合成蒙泰涅或者莎士比亚的诗文？为了创造生命而如此排列的顺序，是否完全是一种偶然？

偶然？达到同样结果的可能性微乎其微！必然？但是我们要见证的是宇宙起源史的生命程序的一个新历程的开启。依据这个论题，最新的观点是 DNA 通过自动催化直接形成。这一观点为“宇宙计划”这一想法提供了有力论据，该计划的施展取决于其内部法则。

在几十年的分子生物研究都无法驱散的无知面前，我们更应该保持谦恭的心态。

而自然选择呢？它在生命机理运作的这个阶段应该是承担了巨大的工作任务。但它也只能在已然存在的事物中做出选择。这些事物包括复杂分子，它们的出现带来了绝对令人惊叹的新属性。的确，糖类、磷酸和碱通过结合原理为我们上演了最精彩的变革之一。

DNA 和 RNA 在生命起源的原始海洋中保持孤立状态。细菌和原核细菌这些最古老的生物被包含在分子中，其内部的新陈代谢是所有生物的生物化学本性。这些机体如何从最初的几天里将自己与外界环境区分开，并形成自己的个性特征，从海洋的“原始汤”中冒出来？这就需要它们为自己争取一层膜。我们认为，最初的膜得益于构成脂肪的脂肪酸。这些线状的分子通过具有疏水性的末端阻止水渗入最初的分子中，因此形成了一个内环境和一个外环境，我们称之为“囊泡膜”。核酸与其他物质穿入这些囊泡中。最初的分子雏形膨胀，并渐渐地与向分子内部传输海洋物质的过程分开。分子向外界有选择性地吸收预示着生物的进食本能。同时，生命的另一个性质也开始展现：繁衍本能。生命现象一旦被启动，这些最初的细胞——细菌，就开始分裂并迅速繁殖，出于一种贪婪性，它们的吸食能力很强，超过了依靠海洋上的暴雨而孕育出最初生命的原始大气的繁衍能力。因此，出现了饥荒的危机。为了保护不断繁衍的新生命，必须要采取措施。在此要提到叶绿素分子，它由一个很长的脂肪烃侧链与一个含有镁原子的卟啉环[①]构成。这样而来的叶绿素分子呈绿色。它可以捕捉太阳的能量，吸附空气中的二氧化碳并与水结合，制造出糖分。光合作用开始启动，植物材料开始形成，海洋的食物重新开始增多。

但是，正如大部分的化学反应一样，这个反应也产生了废料：被夺走氧原子的每个参与反应的水分子被扔

① 卟啉环：是光合色素分子——叶绿素的核心与灵魂，正是它特有的感光性才点亮了生命之光。

回海洋中，或者以气体的形式回归大气。由于空气中氧气的增多，臭氧层开始形成（由三个氧原子构成的分子），保护地球避免来自太阳的紫外线照射。一直是灰色的天空，也开始变蓝。由于海洋中的叶绿素细胞减少了，蓝天倒映在海里更显蓝色，地中海便属于这种情况。如果作为植物性浮游生物的叶绿素细胞很丰富，那么海洋就会变成蓝绿色，甚至是绿色，如出现“绿潮”现象。

通过不断地吸收氧气，大气开始变得适宜生存。呼吸开始产生。在这个新的大气中，生物开始吸收氧气，排放出二氧化碳和能量。光合作用和呼吸形成平衡，水和大气中的二氧化碳变成光合作用的基础材料；氧气原本是排放物，但被呼吸回收利用到生命细胞中，与食物中的营养成分相结合，这些成分在机体内部将会被缓慢燃烧，将二氧化碳释放到空气中的同时，也会产生能量。生命的大平衡正是得益于光合作用与呼吸之间的良性循环。

简而言之，核酸与叶绿素的生物合成显示了生命演化史的两个关键点。这些分子来自简单的化学结构的结合：核酸来自核苷酸的结合，叶绿素来自卟啉环的结合。这些分子的发明，使生命演化史有了两次质的飞跃。第一次，DNA 和 RNA 作为每一个生命物种的基因计划。第二次，则分为两个领域：一个是植物在光合作用下，通过叶绿素自制食物；另一个是缺乏叶绿素的动物需要消耗植物，因其对植物具有直接或间接的依赖性。

我们没有必要纠结于在35亿年前连带着最初海洋性生物所出现的一系列新特征，这些只是我们所熟知的地球上的生命形式。

性别的发明

谁下蛋谁就创造了新事物

结合原理也在生物体之间有所体现。当菌类细胞向动植物有核细胞演化时，结合原理变得更显而易见。这一演化阶段发生在 15 亿年前，也是在海洋中，因为在此之前陆地尚未被生命主宰。

高级生物体的细胞与菌类细胞的差别在于，前者的基因被封闭在细胞质内的细胞核中。高级生物细胞的细胞质包含了另一种细胞器——线粒体；植物细胞的细胞质内则是含有叶绿素的叶绿体。早在 1918 年，法国生物学家皮埃尔·鲍狄埃就提出了一种假设，他认为：线粒体作为所有细胞的能源库，是被这些细胞捕获并供养的共生菌。这个假设并没有得到当时那个年代的生物学家们的认可，直到美国生物学家琳·马古利斯[①]的研究报告发表后，才使这种假设被接纳，并将其延伸至叶绿体。而叶绿体本身也是大型细菌或复杂原始细菌的共生体。目前，科学界已经普遍认可多种细菌之间的共生现象，只是就共生方式还存在争议。就像生物体之间普遍存在的现象，大型细菌是否吞噬了线粒体与叶绿体这两个小细菌，从而将侵略关系转化为共生关系呢？在这里，我们就要提到“结合原理”。而细胞核难道不就是一个外壳尚未退化，寄居在原始细菌里的古老菌体吗？

在这种结构的细胞中，基因被封锁在细胞核内，无法全部或局部地从一个细胞转移到另一个细胞；而在细菌世界中，菌类可以对基因进行“自由交易”。

或者，打个比方说，细菌通过突变对某种抗生素产生了抵抗力，在这种抗生素存在的环境中，细菌会有能力进行抵抗；而其他没有这种抵抗力的细菌将会被消灭，唯独其中那些可以黏附在有抵抗力细菌身上的菌体才可以分享基因，也变成有抵抗力的细菌。但是由于有核细胞是在海洋里产生的，它的基因信息库被封锁在细胞核内，如此一来，它就不能像细菌一样对基因进行“自由

① 琳·马古利斯：《细菌世界》，Points Sciences 出版社，2002年。

交易”；只有基因疗法才有可能在未来的某一天更改某个人体内的基因信息库，在他的基因组里消除不利的基因或者插入有利的基因。我们仅仅还在这条路的路口。

对于有核细胞来说，不再能交换基因造成了一个巨大缺憾。在一个易变的环境中，借助适宜的基因来适应新环境是更有利的。如果不能拥有这些基因，那么适应也就无从谈起，死亡就会随之而来。为了回应这一挑战，进化发明了“性别”。

父母亲两个人，他们各自的生殖器官内都含有性细胞或配子：精子或卵子。这些配子相遇合并，将父母各自的一半遗产相加在一起，形成一个受精卵细胞。受精卵细胞不断分裂，变成胚胎、胎儿，到最后变成新生儿。随着对基因遗产的继承，新生儿或多或少有异于自己的父母，因为“谁下蛋谁就创造了新事物”！这就是性别的微妙之处。在配子形成期，父母体内被封锁在每个细胞核内的遗传基因库在各自的性器官内分裂为二。而分裂之后，每个配子的遗传基因都有所不同，一些基因被传输到了某个配子中，另一些被传输到了其他配子中。这一画面可以使我们明白配子形成的微妙之处。

如果我们从中间线由上而下切开一座房子，一些家具或摆设将会留在同一边，而另一些留在另一边；即便是房子（遗传基因库）内摆设着所有的家具（基因），房子两边所包含的家具（基因）也会不一样。每一个携带父母基因信息的染色体的分裂也是如此。在配子形成之时，各种不同的基因搭配出现了，它们之间的合并形成了新的基因遗产。性别使基因完美地混合，形成各式各样的新组合。每经历一个代系，都会有新的基因遗产留下。基因组合的数量越大，就越有可能抵制环境危机而存活下来，因为总会有可以适应并冲破阻碍的生物型。

对于克隆来说也是一样，它们全都拥有同样的遗传基因库。某一天，当环境条件忽然发生巨大变化时，所有的不含有利基因的克隆都无法适应，都会被消灭。

性，如此这般巧妙地随机制造生命：两个配子相遇并结合在一起使生命得以延续。少数的无性物种的雌体将所有基因完整地传输给下一代，形成自己的克隆，但却并没有得到自然进化的眷顾。自然界不喜欢克隆，至少在动物世界里是如此。植物则不同，它们可以通过扦插、压条、嫁接，同时进行无性繁殖与有性繁殖。

配子的合并将结合原理演绎得淋漓尽致并创造出新事物。在这一例子中，来自受精卵和人类个体的遗传基因受到过自然规律的筛选。通过结合原理创造新事物依旧是首要的。

向多细胞演变

细胞结合成复杂的有机体

细胞并不会一直孤立存在。在生命起源的海洋中，细胞相互结合形成群体，但是每一个细胞都不会因此而改变自身的运行方式。在这些群体中，每一个与邻居结合的细胞都保持独立的生活方式。相加性毋庸置疑，但没有结合性，因为没有新特征出现。

这种现象在细菌世界里就已经被观察到，在多细胞的形成中细菌紧密地结合在一起形成生物膜。细菌一个挨着一个黏合在一起，形成菌群，围绕在细胞外基质周围，使整个群体具有一定的合理性，看上去像是独一无二的机体。生物膜的细胞紧密地连接在一起，促使它们的行为也有别于在游离环境中，这使我们看到了复杂性的端倪。细胞间的这种紧密性使基因传输变得更容易。

生物膜通常将不同种类的细菌结合在一起，这样它们的抵抗力更强。因此，面对冷热温差变化，酸碱值的突变，生物膜会比寄宿单种细菌更稳定，更具抵抗力，因为它们更有可能会遇到抵抗力强的菌种。况且，细胞外基质还会为它们提供保护。

这些菌群可以结合人体的病原体，比如生长在热水管里的军团菌。它们隐藏在水管里或是在医学环境下隐藏在假体或导管中，生物膜通常对消毒剂表现出强大的抵抗力，这对水质管理员来说，是一个棘手的问题。

与生物膜相似，叠层石是由绿细菌的繁殖而形成的结核状灰岩，这种绿菌素也被称为“蓝藻”。绿菌素在澳大利亚的海岸继续繁殖，证明了很久之前，大概在 35 亿年前这些菌群就开始形成。

我们从菌群又发展到多细胞“组织”。在这里，胚胎中的所有细胞凝聚在一起，形成了动植物，再到巨型生物个体，比如创纪录的加州巨彬，它们的身高超过 100 米，或者是蓝鲸，它们身体长度可超过 30 米。对于每一个来自胚胎的细胞来说，它们黏附在一起进入一个特定的机体有什么益处？在原始海洋里，原住细菌和后来出现的真核细菌之间展开了激烈的竞争。细菌繁殖速度加快，吞食由蓝藻（绿细菌）通过光合作用合成的食物。

真核细胞分裂之后，继续黏附在一起，它的核膜内外形成了一些新细胞。因此，内部的细胞开始专攻某项合成任务或某个作用，不受外部其他竞争者的干扰。新的新陈代谢开始启动，得益于环境内部压强的降低，高级动植物的多细胞组织开始在有利的条件下发展。

一个多细胞个体的形成需要每一个细胞做出“重大的牺牲”。每个细胞既不受束缚又特立独行，将其表面完全浸泡在海洋中，并自由运行。细胞合并到更大的机体中，变成机体的一个组成单元，它必须遵循这一个即将剥夺它的“自由”的高级组织的运行原理，而不再单纯地遵照其所在海洋环境的演变规律。出于这个原因，我们可以观察到纤维质的海藻中，并非所有成排排列的细胞都会分裂，这就形成了一种无秩序的发展，唯独一条纤维的最后一个细胞会分裂以便延长。当多条纤维结合在一起，形成一条厚厚的组织时，中间的细胞就不再接收阳光照射，也就无法继续进行光合作用。它们接收来自周边细胞的营养供给。它们自身的能力被压制，以便形成更牢固的组织，这个组织给海藻捆绑岩石或附生在海底的能力。

在复杂的机体中，例如多细胞组织，每一个细胞都应该为了它所在的细胞社团而抑制自己的某些潜能。正如在人类社会最完善的组织中，在这些原始植物中，即便是最独立的个体，也有可能为了集体而做出巨大的牺牲。每个个体都需要向它所在的社会捐献一点心意，比如以纳税的形式，它只不过是组成这个社会的一个细胞而已。

自生命起源之初，秩序与自由之间就保持着这样微妙的辩证关系，前者的维持通常源自后者的牺牲。自由不是任意妄为，对于细胞和人类来说，道理是一样的，只要自由侵犯到了他人，那么就该到此为止。琳·马古利斯学说就再现了这一两难推论：进行光合作用后的蓝藻漂浮在真核细胞中的细胞质内，响应整个机体的运行原理。线粒体成为整个真核细胞的能量库后亦是如此：它们一个被另一个包裹，几乎被它们的宿主细胞同化，而宿主细胞也不能离开它们继续生存。它们自己无法继续以自由形式存在。所有个体只能共同生活在一起、结合在一起。

在生命等级制度划分的初等阶级，细胞相对于组织，组织相对于器官的运行方式亦是如此。每个细胞都听命于其所在的组织，正如组织服从于其所在的器官一样。同样地，心脏、肝脏、肾脏等某一个特定器官的细胞只为该器官工作。肝脏的细胞只会为肝脏工作，它不懂得如何传导神经冲动，就像肺细胞也同样不会。

在每一个不同的等级，组成一个更大整体的单元开始异化，它们由于专攻某项任务而丢失了本能的一部分，从分子到细胞，从组织到器官，从器官到更大的机体。

在这些例子中，细胞通过结合原理发展成了更复杂的新单元，在这个新单元中新的运行机制被设定，以避免在各种单元结合的基础上，多细胞机体出现无秩序情况。我们从生命起源便开始追踪结合原理，直至活动在有机与无机世界里的细胞。

多细胞机体是由单细胞历经几个世代进化而来的，这些不同时期的单细胞之间依旧保持一定的相同点，所处的时期也很相近。为了解释这种演变关系，科学家们提出了几种不同的推测。在动物世界里，认为后生动物由原生动物衍生而来这个想法合乎逻辑。就现存的化石考古而言，最古老的多细胞动物应该是海绵和水母，它们在海洋里出现的时间大概要追溯至 7 亿年前。在它们出现 2 亿年之后，才开始出现鱼类，其化石于 2002 年在中国被发现，化石长度小于 2 厘米。关于脊椎动物的祖先，要更古老一些，但同样也很小，在加拿大的岩石中发现了脊椎动物祖先的化石。脊椎动物的祖先没有骨骼，只有一个“脊索”，科学家以附近一座山来命名：

皮卡虫。

让我们向这个起初被我们看作蠕虫的小皮卡虫致敬，它事实上已经具备脊椎的雏形。它的后代脊椎动物历经了多个地质时代，并生存下来，而它的天敌巨型奇虾却灭绝了。在生物进化规律中，大型肉食动物总是比它们的猎物更脆弱。

同样地，在植物世界出现的第一次多细胞突变是：后生植物，最早的后生植物应该是红藻。红藻依旧不具备纤毛，即不具备独立的移动方式，通过它们已经可以预见植物这个"静态民族"；而此时，我们依旧在孕育着原始海藻的海洋中。之后，出现了绿藻。在大约4.5亿年前，唯独绿藻征服了洪水退去后的陆地，因此成为地面所有植物的祖先。

这一年表曾在很长一段时间里被演化生物学家们认可，他们认为，依据化石，最早的多细胞形成于7亿到8亿年前的海洋中。不久前，由阿德拉扎克·阿尔巴尼[①]教授带领的一组法国科研人员展示了一项新研究，他们在加蓬发现了最早的多细胞化石，距今已有21亿年。如果这项发现被证实，那么最早的多细胞来到地球上的时间

① 阿德拉扎克·阿尔巴尼：《大自然》，2010年7月1日。

之前被大大地推后了。但是考察如此久远的化石依旧是个难题，有些人认为这可能是与生物膜相近的多细胞性细菌。

共生现象

更好地生活在一起

向多细胞的进化可以由隶属于不同物种的细胞通过共享各自的能力来完成，这种结合被称为共生现象。在19世纪末，瑞士科学家西蒙·施文德纳和芬兰科学家威尔海姆·尼兰德就地衣的特性展开了激烈争论。“地衣（苔藓）之父”威尔海姆·尼兰德认为地衣属于古代植物，而西蒙·施文德纳在仔细观察了它们的组织后，认为地衣是单细胞海藻与真菌的共生体。专业科学期刊就这一话题展开了激烈争论，最终施文德纳的假说胜出。而尼兰德在学术界的影响则一去不复返。

地衣因此成为复合体，它是可进行光合作用的海藻的结合，这类海藻吸收某个菌类的纤维和该菌类通过光合作用合成的糖分。作为交换，菌类将海藻用纤维环绕，形成一种茧，以避免海藻脱水。没有任何一种海藻或其他植物可以像地衣一样在极其干旱的环境中保持水分，比如在墓碑上，在光秃的岩石或枯木上。只有地衣可以抵抗并像开垦者一般，制造新的有机材料，以便为之后占领这些干旱之地的物种提供食物。得益于地衣建好的温床，这些物种在新环境中舒适地生长并最终将地衣消灭：这就是开垦者的不公平的命运，在自然界和在人类社会中极其相似。

珊瑚虫属于另一种共生体。它们的结构在很长的时间里都使博物学家们感到十分好奇。触摸的感觉是硬直的，珊瑚虫的质地属于矿物质，然而它们的形状和颜色则令人联想到小灌木或者花卉。生长在海床的最浅处，它们以暗礁的形式冒出水面。

暗礁的基本组成单元是一种微小的软体动物：水螅，它出现在海域迄今为止已有6亿年。它与虫黄藻[①]属于共生关系。虫黄藻在水螅的细胞内安家，并进行光合作用。虫黄藻为了实现光合作用，吸收以碳酸氢钙的形式溶于

---

① 虫黄藻（zooxanthelles）这一名字具有误导性，因为该词的前缀可以让人误以为这是一种动物，而事实上是一种可移动的海藻。

海水中的二氧化碳，推动暗礁的形成与矿化，碳酸钙的沉淀，形成暗礁的矿物骨架的石灰岩。虫黄藻的自养能力至关重要，因为水螅无法仅仅依靠海域中数量有限的浮游生物生存。然而，水螅并没有放弃，并没有因此放弃自养能力。它们分泌出一种黏液，就像灭蝇纸一样，粘住它们的食物。这些食物对于水螅和海藻来说，是磷的来源地。磷是生命不可或缺的元素，是DNA的组成成分，磷通过这种方式渗透到一个特殊的生态环境中。这种平衡十分微妙：水螅从浮游生物中吸收合成DNA必不可少的磷元素；虫黄藻合成糖，成为水螅的营养补体。珊瑚礁正如沙漠中的一片绿洲，将生命所需的营养集中在一起。它展现了共生现象对于自养生物（进行光合作用）与异养生物（捕捉食物）的效应。

暗礁一旦形成，便成为多种生物体的生存环境，如软体动物和鱼类。有些生物从中汲取营养，其他一些生物在里面建起自己的居所，还有些生物则捣碎矿物部分。这一捕食现象的残留部分掉入海底，通过堆积与填补礁柱的缝隙来堵塞下部地层。这些种类繁多的消耗者促进了暗礁的加固和丰富又复杂的生态圈的平衡。

共生现象的例子不胜枚举。农耕者和园丁一直以来都很清楚谷类与豆类的结合所带来的收成。这一结合的成功得益于一个特殊情况，豆科植物可以固定空气中的氮，这在植物世界也是极其罕见的。豆科植物可以固定住空气中的氮得益于它们根部的根瘤，里面寄宿着根瘤菌。这些共生根瘤菌将空气中的氮气变成氨基酸，即蛋白质的基本组成单位。氨基酸慢慢转移到植物中，被贮藏在豆荚里的豆粒中，这也是为什么豆类中的蛋白质含量可以在素食套餐中替代肉类的位置，或者可以减少有机套餐中肉类的分量的原因。当一个植物枯萎之后，它开始腐烂，泥土为了下一季的农耕（尤其是谷类）开始不断吸收氮。这些结合在如今的常规农业中显得不再有必要，现今的土壤通过含氮肥料的施播而直接吸收养分，而且无论氮的使用量多或少，这一耕作方式都会大幅提高产量，但是也会耗尽土壤肥力。

共生现象一直以来不被生物学家看好。然而，当恩斯特·海克尔于 1866 年提出生态学这一概念，强调生物与其生存环境之间的“友好与对立”的关系时，共生现象已经被假定存在。在一个世纪里，科学研究的重心都放在了对立关系上，共生现象扮演的角色被忽略。达尔文对生态的误读与其朋友们的几乎专横的热忱，使大自然变成一个弱肉强食的残酷世界。这种看法被搬移到了社会，几经偏离，形成了大家熟知的社会达尔文主义。我们的社会深受这一意识的影响，媒体不断为经济战争、政治战争、社会矛盾与斗争做渲染，在电视荧屏的所有节目里每时每刻都展示着大自然与人类社会中的侵略性。动物电影也证实了这个偏离现象：竞争与掠食到处存在；但是关于合作、团队效应、动物之间的团结却是一片空白。然而，一群野兽或猎犬如果不照顾群中的弱小者，大家一起分享食物体验社会生活，又怎么能继续生存？

法国国家自然历史博物馆教授马克-安德烈·塞洛斯[①]，重建了合作与互助的历史。他指出，互助概念出现在工人结成联盟的时代，他们希望在生活中遇到变故时有所保障。皮埃尔-约瑟夫·蒲鲁东在互助主义中看到了"坚信团结无私的哲学与政治思想的化身，但用于生物学时，存在着拟人论和目的论的风险"。他的看法与俄罗斯哲学家皮埃尔·克鲁保特金的一致，后者认为"在动物世界与人类社会中，互助比竞争更有价值"。逸

① 马克-安德烈·塞洛斯：《共生和互助与进化的反照：从战争到和平？》UMR 5175，功能性与进化性生态中心，Atala，2012年。

夫·帕卡勒[1]在其书中也论证了同样的观点:“竞争优胜者通常成为规则的掌权者。竞争优胜者很少会是那些最强壮、最残暴的……但通常会是组织得最好、最狡猾、最隐蔽、隐藏得最好的,或者知道与同类或其他生物团结的。”这位作者与英国大生物学家约翰·梅纳德·史密斯的观点相呼应:“合作是进化的大体特征”,他还写道:“这条格言令我感到很自在,因为它不再将达尔文的弱肉强食法则垫在进化论以及进化史的下面,而各种动物报道与纪录片却在我们耳边一遍遍地重复。……在普通人眼中,这一概念只是达尔文的说法,一个片面的观点,相比物种起源的论据则更受自由资本主义启发的。对合作关系的赞颂再次使结合性、共栖现象、互助主义和共生现象等显得格外重要。它阐明了生命更应该结盟而不该敌对,配合而不该对抗,和平而不该战争。幸存的竞争优胜者通常是相对狡猾和主张结盟的,而不是强壮或凶残的。”

---

① 逸夫·帕卡勒:《生命的大型小说》,J.C. Lattès 出版社,2009 年。

海克尔，作为达尔文的信徒，谈及植物与动物之间的“友爱关系”时具有一定的道理，无论是在它们之间或是在它们的生存环境中。我们所提到的合作结合原理确实存在，而它的成果正在慢慢给予回报。这是结合原理的又一次亮相！

植物社会与动物社会

社会生活中的结合原理

在大自然中，任何一个生物都不能独自生存。营养需求与繁殖使命注定了被捕猎的食物与搭档的存在。被捕猎的食物从不来自矿物世界，因为矿物无法向捕猎者提供卡路里；而亲密的同类则参与到性关系中。类似蜗牛这样雌雄同体的情况实属少数，而且这种情况并不一定会导致自交现象：很多雌雄同体之间会交配。剩余的则是，占整个生物世界 5% 的孤雌生殖：不会受精的雌体原封不动地将它们的基因组传承下来，无性繁殖后代，尤其是无脊椎动物。对于植物来说，无性繁殖是很普遍的繁殖方式，我们称之为扦插式营养繁殖；它们繁殖的后代都是雌性母体的克隆。在植物世界里是否也存在社会？

植物社会学是植物集合在一起的学科，即因为共同的生态需求而聚集在一起的物种：由于土壤的特性与质量，对气候与微气候的适应能力，等等。所以，植物社会学[1]的确存在。

在植物群落中，每个植物个体之间一定存在联系。生态条件会使生存在同一环境的植物之间产生联系。植物间存在相互联系只是因为在同一个环境中，相同的生态需求集合了属于“静态族群”的植物个体。它们集合在一起，因为这是一个适宜生长的环境。动物之间则完全不同，动物社会会为动物个体制造各种互动的机会。

在动物世界里，群居性程度相差甚大。从多细胞个体向多细胞社会的发展，展现了结合原理实践化的新阶段。某些动物，例如虎、豹等，并不需要陪伴，它们只需要统领自己的一方领土。除了少数的交配之外，它们不会与同类之间保持任何联系，不会组成任何形式的社会。如此隔离，这些动物变得更脆弱且濒临灭绝，例如西伯利亚虎。其他猫科动物也很享受这份孤独，例如家猫。即便很依赖它的生活环境，但非常独立。指猴，属

① 让·玛丽·贝尔特：《植物的社会生活》，Fayard 出版社，1984 年。

于马达加斯加狐猴科，是夜晚觅食的动物，不易观察到。其耳朵似蝙蝠，其尾巴似松鼠。人们常说这种动物也很爱独处。诸多无脊椎动物亦是如此，例如蛔虫。相反地，对于大多数高级动物来说，社会生活才是他们更习以为常的。

在一个社会中，同一个物种的个体因为一致的目标与利益集合：寻觅食物、分享资源、保护弱者（尤其是幼者）。社会假定集合在一起的群体会产生新的潜能和能力，而这些潜能和能力远远超过单独个体所可以具备的。正如在很多时候，团结就是力量。

个体集合并不一定会产生新的社会。例如，一群人可以集合无数个个体，成为一个无结构、无等级、不含有机链接的集合体。夏天炎热的夜晚，到门口乘凉时，灯泡会对昆虫产生巨大的吸引力。它们会在灯泡边飞来飞去，很多都烫伤了自己的翅膀。在这个集合体中，任何一个个体都没有与其他个体存在联系：没有社会关系，只是一种无秩序集合。

比如，在同一个电影院里的人们也不是社会。投影完毕之后，每个人之间不会再有更多的联系。同样地，当一个体育场座无虚席时，上千个球迷组成壮志激昂的人群，在比赛结束后悄然离去。如果说结合原理假定了新特性的出现，那么这些地方不属于这种情况：在同一个人群中的人们之间没有建立起有机链接，他们只不过是在同一时间出现在了同一地点而已。游行队伍不属于上述情况，因为他们都具有同样的意识形态或斗争目的。

如果说受阳光吸引的昆虫由不同种类组成，那么在无脊椎生物世界里，群居昆虫的结合性最强，比如，蚂蚁、白蚁、蜜蜂。它们的结合性可以与单细胞生物相媲美，它们完美地协调细胞间的合作，完美到使我们无法设想它们所采用的方式。多少次雷米 · 沙文对蜜蜂世界的描述使我们惊叹不已！蜂群向我们展示了完美的合作和绝对的团结，它们的“人口密度”由分蜂期来协调，以避免“人口过剩”。

从古至今，蜜蜂一直象征着和谐社会。在古埃及，法老的头衔中含有“莎草和蜜蜂”两个词。蜜蜂代表着下埃及，而莎草则代表着上埃及，莎草是莎草纸的原料。法兰西的君主政体某种程度上也采用了这一象征，在最古老的梅罗文加王朝里；之后，在卡佩王朝中，骑在马上的路易十二穿着一件长上装，上面有很多蜜蜂正在把百合花装点到皇徽上；拿破仑一世也采用了这个代表政治和谐与显著效率的象征物。

群居昆虫所完成的最高成就都得益于结合原理，而在进化的另一个方向，作为脊椎动物，例如鱼类，它们也很多次展示了这一原理。它们在自由的海洋中结队出行，就像一个社会中的人群。正如一个人群，鱼群中有着各式各样的个体，像一个蜂群一样。这种鱼类没有领地，它们在海洋里自由穿梭。浅蓝色或银色，像沙丁鱼、鲱鱼、鲭鱼，它们都没有显眼的色泽。一个鱼群中的个体间没有任何有机链接，唯一的一点联系是：每一条鱼都会得到邻近同伴视线的保护，它们总是朝同一个方向游去，没有同伴会丢失。这种生活方式可以保护它们免受捕食者的袭击，捕食者看到成群的鱼集合在一起，会误以为是一个庞然大物而感到惊慌。如果这些鱼类单独出行，很容易便会被半途冲出的鲟鱼吞食，它们的物种就可能早已经灭绝，消失在生物进化史中。结成群可以保护每个个体。这是结合原理被运用到鱼类生活中的第一个步骤。

而珊瑚礁则全然相反，它们守住某一个地方，它们色彩斑斓且具有攻击性。它们守卫领地，一个礁块用色彩斑斓的表层对抗所有袭击者，就像是我们保护自己的领土一样。这种强烈的攻击性对于生活在自由水域里的鱼群来说很陌生。珊瑚礁的攻击性与其对所在领地的保护欲有着紧密联系。

群落是弱小者的防御线：团结就是力量。而对于寄宿在礁块的珊瑚虫来说，它们的反应会是：“快把这里的位置让给我！”这是比达尔文本人更信奉弱肉强食的人会信奉的格言。但是，这里并不是由同一物种组成的社会。毋庸置疑，珊瑚礁致力于这个丰富的生态系统的运行，但是其中每一个个体都为自己工作。结合原理在整个生态系统的层面上才能起到作用。

在这些鱼类中，个体的攻击性会因为闯入者是邻近的同一物种而大大减弱，这类闯入者往往比陌生物种更容易被接受。但这两种鱼之间不会产生任何个体联系，如果我们将其挪动，它们便不再认识对方，它们之间的冲突立即重新开始。

现在，我们来观察淡水热带鱼，其中包括诸多生活在水缸中的鱼种，如慈鲷科鱼。到青春期的雄鱼开始占领一个地方，然后开始交配。雌雄鱼之间展示出了高水平的结合性，慈鲷科鱼使我们了解到了它们形成的方式。两个搭档之间开始显示私密且持久的关系，但需要很长时间稳固。当一条雌鱼小心翼翼地接近时，雄鱼立刻袭击。腼腆的雌鱼承认自己处于弱势地位，悄悄地溜走。之后，她再一次出现，再一次被攻击。这样的场景反复多次，这一对未来的“恋人”开始习惯彼此的存在，发动攻击的促激素渐渐失去了作用。雄鱼开始习惯雌鱼的到访，尤其是他的搭档总是从同一条道路借着同样的光线往返，总而言之，总是十分相近的场景。否则，雄鱼会感到是一个陌生闯入者，那么它们之间的斗争会重新点燃。

当第一阶段的相互适应达到了某种程度，再把两条鱼倒入另一个鱼缸里，它们之间的关系会再次变得复杂化。这两个搭档需要很多次演练，才可以使和平关系根深蒂固，并且不受生活环境的影响。到那时，我们才可以再次移动这对搭档，甚至把它们搬移到更远的地方，也不会使它们分开。

在此期间，雌鱼的行为发生了变化，原本惊慌且谦卑的她开始不再惧怕，不再抑制自己的攻击性。她的胆怯羞涩渐渐消失，开始变得强大且蛮横无理，她不再惧怕向雄鱼反抗，变成这个新领地的女主人。这种行为当然使雄鱼十分反感，他开始抵触雌鱼。他开启“惊愕”模式，通常紧接着是对敌人进行袭击。的确如此，他开始攻击敌人！但是，很令人惊讶的是，完全不是针对他的雌鱼。他越过雌鱼，撞向另一个同类，而当他意识到这只是邻近的同类时，他最终还是闪躲开了。尼古拉斯·廷贝亨和康拉德·柴卡里阿斯·洛伦兹[1]称这种行为为“重新定位的行为”或“重定向”。

从不知名群落的简单的群居本能到行为复杂且讲究的慈鲷科鱼，我们可以估量脊椎动物在进化史中的“进步”。慈鲷科鱼不仅驯养搭档，而且展示出了一种行为学家熟知的新潜能：针对新目标的攻击重定向。一个男人因为邻居而发火，回到家中，如果不握拳拍桌，那他会将自己身上的怒火转移到妻子身上。这两个行为有一定的偏移，因为攻击行为不再是针对原先的攻击者。最后承担结果的总是另一个人！

但是，在袭击另一个并不是他的配偶的同类时，雄鱼并没有采取完全偶然的全新应对方式。全然相反，他应对外来侵扰的方式已经选定，并且仪式化，成为其固有本能的一部分。这种转移攻击的应变能力是生物进化的新转变：彬彬有礼的待客之道自相矛盾地取代了好斗的本性，这在后来出现的生物群体中也可以觉察到，比如鸟类或哺乳动物。

如果说慈鲷科鱼能够将它们的攻击性转移到无恶意

---

① 康拉德·柴卡里阿斯·洛伦兹：《挑衅》，《恶的自然故事》，Flammarion 出版社，1993 年。

的物体上，比鱼类进化更完整的鸟类则还要先进，它们展示出渐进性行为，这些行为还会作用于人类社会。

我们先来观察欧洲翘鼻麻鸭，它们有红色嘴巴，羽毛颜色繁多。它们的雌鸭和雄鸭一样好斗，当两对鸭发生冲突时，雌鸭会参与进来。愤怒的雌鸭冲向敌对的另外两只鸭子，但她会快速意识到自己的冲动，半路折回，投入雄鸭的怀抱，躲在雄鸭的庇护下。她的搭档在她身旁给足了她安全感，她再次昂首挺胸；争斗的欲望再次在她心中点燃，她再次威胁敌对的另外两只鸭子。在这个过程中，不断地循环着挑衅、恐惧、寻找安全感，然后再次挑衅和燃起战斗欲。这个过程的每个阶段都伴随着不同的行为举动。当雌鸭进攻时，她低头、拉长脖子撞向对方，然后，她转回身子昂首挺胸，庄严地走向她的伴侣。然而，她的攻击性再次占了上风，她头也不回地头朝天颈朝地，再次与她的敌人针锋相对。

绿头鸭作为家鸭的祖先，则更是有过之而无不及。当雌鸭开始挑衅另一对鸭时，她正面发起攻击，拉长脖子，头往前冲。然而，当她的愤怒在靠近敌人的过程中不断燃烧的同时，一种奇怪的力量不可抵抗地将她用力往后拖。她的眼神依旧固定在她敌对的目标身上：目不转睛。研究这些行为的科学家康拉德 · 柴卡里阿斯 · 洛伦兹联想从雌鸭嘴里说出："我原本想威胁这只讨厌的陌生鸭子，但是不知道什么使我的头往另一个方向转。"这是一个很自相矛盾的行为，是一系列相互冲突的举动。唯一可能的解释是：在进化过程中，在鸭这一门类中，欧洲翘鼻麻鸭的行为举动中增添了一个新元素。如果说绿头鸭的本能行为依旧存在，那么新的从祖辈传承下来的直觉行为又增加了，这一现象在翘鼻麻鸭中也可以观察到。总之，可以援引第一次世界大战前朱利安·索雷尔·赫胥黎爵士的话，这种行为开始仪式化。更有趣的是，仪式化不仅改变了这些行为的顺序，也改变了它们的含义：它把全部含义都颠倒了。对于单身的绿头雌鸭来说，这种行为从此表示求婚，千万不要与交配的请求混淆，两者的展现方式完全不一样。求婚展示的是雌鸭希望与未来丈夫长久结合在一起的心愿，而她的未婚夫的回应方式也很仪式化：喝水，并假装梳理自己的羽毛，这是他表示"愿意"的方式。这一对新人喜结连理，除非意外，它们会永久地结合在一起。

康拉德·柴卡里阿斯·洛伦兹还观察到，在公鹅中，两个"雄性力量"可以结合在一起，它们形成的同性伴侣极其稳定且具有能力。但是性别如何形成呢？这些在幼年便已经成双成对的伴侣，到了青春期便开始出现性征。春天，万物复苏的时节，它们尝试着交配，但是伴侣当中没有一个会像雌鹅一样平趴在水面上。它们开始发现“这可能行不通”，开始有点争吵，但不会展现出很夸张的失望。它们自己挑选的伴侣有点性冷淡，并不会使它们的爱慕有所动摇。它们也不会再尝试交配。然后，冬天到了，它们忘记了此前的失望，春天再次到来时，同样的场景会再次出现，但是它们之间的爱不会受到影响。是因为爱情超越了性欲吗？这些公鹅的柏拉图式的爱情令人惊讶不已。

同一物种的个体之间从针锋相对到确立稳定的私人关系，这是生物进化走过的一条漫长道路。但是，在洛伦兹看来，攻击总是首要的。攻击是最古老的出发点，从攻击开始衍生出生命中最美好的发明。起初，攻击性与领土的守护相关，守护者在自己的领地上享受着莫大的安全感。征服一个领地即是对“我”的捍卫，援引黑格尔的话“树立威望，建立自我”。在青年时期，“我”开始显现，在进入下一阶段前先自我捍卫，然后它们会发现还有比自己强大的。这对伴侣某一天会看到在其他物种之间存在着别的社会形式，“我”可以转变为“我们”。

我们还在植物与菌类之间观察到类似关系，它们从泥土中获取矿物质从而成长。我们似乎可以猜想，当生命体开始登陆时，绿藻作为开荒者被菌类寄生，这些菌类在没有付出任何回报的情况下，消耗通过光合作用合成的植物成分：它们只是纯粹的寄生体。这一现象在进化过程中被颠倒了，随之形成了生命世界中最为精彩的共生现象之一，植物的根部与菌类相连接。植物给菌类带来糖分和“糖水”，菌类为植物的根部输送矿物质和成长必需的水分。这就是令人叹为观止的菌根，这些微菌类将根部系统深深扎入泥土中，从寄生体演变成共生体。

在这些例子中，生物进化的过程趋向于减少攻击性，如果攻击性得不到控制，那么大自然的平衡将不复存在，取而代之的则是一片乱象。在描写慈鲷科鱼的攻击性或者鸭子的反向行为时，进化过程已经改变了祖辈流传下来的行为，这可以从伴侣的“发明”中觉察到。我们从人类的性别便可见一斑：性交本身就是一个带有攻击性的行为，如果是性侵犯，那么攻击性更是毋庸置疑。但如果性交是发生在搭档双方相爱的情况下，那么它的意义则全然相反：它是双方相互的馈赠，是爱情与分享的象征。

在诸多的渐进性后代中，进化程序朝着同一个方向：合作行为被自然淘汰规则保留，因为它带来了很多益处。在社会关系或像配偶这样的微社会关系中，合作关系引导社会寻找负熵的关系，使得合作性、群居性及团结性特点的搭档开始占优势地位。结合原理的渐进性潜力和随带出现的新特性揭露了演化研究的主线路。然而，攻击性依旧存在，即便是很多策略都试图疏导或抑制它。竞争与合作这首双部曲会继续。但是在很久远的未来会发生什么？合作是否会完全掩盖了竞争呢？

我们是时候观察哺乳动物了。在狼群中，争夺权力的战斗十分凶猛。败者被淘汰出局。胜者只是象征性地将失败者割喉，将它的颈动脉含在獠牙下，但是不会真的咬死对方。败者仰天而卧，四脚朝天表示忠顺。这个被制服者得益于仪式，又再获新生。它会在狼群首领的保护下继续生存，它的首领在搏斗中获取自己的称号，就像古罗马将军从战场凯旋时被宣告为帝一样。

在与我们最相似的动物黑猩猩或倭黑猩猩中，社会生活非常富有活力。我们与前者具有 99% 的共同基因，这是我们尤为相似的地方。争强好胜的黑猩猩也可以成为灵巧的谈判者，它们甚至可以表现得“很有教养”，因为它们所受到的教育和我们一样，都起着至关重要的作用。子女们的学习有着优越的条件，它们复制父母的社会模型。黑猩猩甚至还能忘却心中的不满。它们懂得和解，并且还懂得运用一些可以避免冲突的策略。

关于食物的分享，高级动物并不会独享食物或者把食物留给自己。无论它们是在大自然中或是被囚禁，高级动物都会允许低级动物去占有它们的食物或者向它们请求分享一部分食物。如果这个请求被无视，那么它们的下级将会神色惊慌，愤怒到精神紧张的状态。为了避免一切心理性闹剧，拥有食物的黑猩猩，无论何等身份，当它的群落里有另一个急切渴望食物的同伴靠近时，它便转身离去，这在大部分猴群社会中都是不同寻常的行为。食物的乞讨者在靠近同伴时显示出了急切的渴望，双手向外伸开。 我们经常在冲突之后观察到这个动作，这是和解的请求。这个分享食物的请求动作，也是在邀请和平。分享饭食具有丰富的象征意义，尤其在最后的晚餐中，我们可能在猴群中追溯到其最原始的根源。

黑猩猩使我们进入了一个具有宽恕情怀的世界。一系列亲善友好的行为开始出现，以克制攻击性为目的。争夺权力的策略也开始由于对异性的占有欲而减缓，分享的概念再一次出现。在大部分猴子中，两只成年公猴会在具有性反应能力的母猴面前避免冲突；而黑猩猩则恰恰相反，它会以十分友好的动作来避免冲突：灭虱。

面对着这种性的对立，公猩猩更加聚集而不是分散。在经过一场长久的灭虱仪式后，占下风的公猩猩可以占有母猩猩，但却不会成为其他公猩猩的众矢之的。因为占下风的公猩猩在灭虱仪式上充满诚意，这似乎让它们得到交配的“许可”，我们称这一现象为“性交易”。

在进化得很完善的猿类中，我们的优越性原则从统治转向了分享与交换。甘拜下风者安抚统治者，使它们变得更加宽容；统治者接受这个交易因为“一物换一物”的原则：“你帮我灭虱，那么我就准许你交配。”从长远角度出发，这可以带来诸多益处。

与人类和黑猩猩都很相近的倭黑猩猩组成的社会则更加和谐。竞争与合作这架天平倾向于后者。在母系社会中，母猿扮演了至关重要的角色，十分激烈的性活动使攻击性大大减少。公猿在一生中都与母亲保持着紧密关系，它们的母亲通常在它们的一些决斗过程中起到决定性作用。一只成人公猿将会爬上其所在群体的级别顶端，如果它母亲的级别很高的话。它的身份受母亲的影响，这种现象在哺乳动物中十分罕见，除了马达加斯加狐猴和斑鬣狗。

倭黑猩猩通常在性活动中竭尽全力，20 世纪 60 年代嬉皮士的口号“要做爱，不要作战”可以成为它们的口号。缺乏配偶概念，倭黑猩猩并没有特殊的性向，它们也不懂得嫉妒。不像黑猩猩或人类那样喜欢权力斗争，倭黑猩猩利用性来缓解压力。在它们当中，性与进食之间存在着一种奇怪的联系，这也证明了性对于这一物种来说的重要性。我们曾在阿姆斯特丹动物园里对它们进行研究，在看到饲养员拿着食物靠近时，公猩猩的性器官立即勃起，而它的性活动马上重新开始。这种行为是为了避免由食物而引起的竞争与压力性行为，在这里属于一种缓压机制。我们可以说，倭黑猩猩使用性来和解冲突达到了登峰造极的程度。当然，人类也会和自己的伴侣，而不是和任何人在枕边言归于好。而倭黑猩猩则以性活动代替了敌对性。它们借助进食的时机来缓解竞争，在针锋相对之后帮助拉近距离，这使得这个物种的个体之间的好感与同情心是同类中最高的。我们是否应该观察到它们的食物以素食为主？它们平均只消耗 1% 的动物蛋白。几乎是素食主义者这一角色是否在减缓攻击性中起到了很大作用？这个与我们人类相关的论题一直是人种专家争论不休的话题。

高级动物的社会行为方式变化多端。它们的结合性越强，个体向集体付出的努力越有成效。由此，一些新的结合形式开始出现在不再过于质朴、更文明的社会。这一演化趋势在人类社会中达到了最高境界。

3

人类

大脑

数十亿神经细胞交织成网

在德日进看来，从矿物世界到生物世界，再从生物世界到人类的进阶，形成了两条代表宇宙万物演变且复杂性渐增的分界线："生命的步伐"，然后是"意识的步伐"。第二演变阶段则是结合原理的一次又一次体现。一切就好像是人类从先前的阶段中借来了成果。在这些成果中，首先就是"共生"。

人类的身体是组成身体的50万亿细胞以及住在体内的500万亿细菌共生的结果（也就是说，细菌的数量是细胞核的10倍多）。我们的机体将消化食物的任务交给了体内的细菌世界。这项改变入口食物的生化工作从我们的口腔就开始了，口腔如同一个携带着广泛细菌种群的载体，随即，消化道继续这项生化工作。此外，细菌也存在我们的肌肤上。而反刍动物的消化细菌则是在它们的瘤胃里。

然而，结合原理却在大脑层面上使出了浑身解数。大脑这个器官在像章鱼这样的无脊椎动物身上非常发达，章鱼大脑的复杂程度与脊椎动物相似。它们具有认知能力，例如，它们懂得用漂浮在海上的椰果当工具。“进化假说”曾幻想过一个章鱼意识超越人类意识的世界，这项殊荣有时也会颁发给海豚与其硕大的脑袋。我们并不认同海洋环境比陆地环境更均衡且对适应能力要求更低这一说法。进化，正是从危机中获得新生，从而在结构与行为方式上迈入新历程，这也是陆地上所有生命驱使陆地动物适应的规律。当陆地被海水淹没时，海洋动物则幸免于它们适应多变的地理环境；或许，由此可以得出，海洋体系的进化过程比陆地更缓慢。

秀丽隐杆线虫，这一微小线虫是遗传学的深入研究对象，因为它拥有 302 个神经元，相当于一个最简单的大脑，钻研这一线虫的英国科学家西德尼·布伦纳于 2002 年荣获诺贝尔奖。这个器官由专门传递神经冲动的细胞组成，即神经元。在人类中，每个人都拥有 1000 亿个神经元，每一个神经元都可以与数万个其他神经元交错联系，这些关系就形成了一张出奇复杂的网络。这个令人眩晕的数字代表着数以百万亿计的潜在的神经元交错连接，我们可以从中看到这台生物超级计算机的威力。结合原理的作用在神经元之间达到了顶峰，一些新特性的出现更令人确信这一结论：人类有能力实现任何其他物种无法实现的目标，尤其是在意识和自由意志方面。

关于脑容量和认知能力之间关联的研究不在少数。脑容量越大，潜力也越大，即便这些潜力不一定完全被调动，即便脑容量并不总是和脑回路数量成正比。在类人猿的灵长类谱系中，“能人”的脑容量有 600 立方厘米，勉强比大猴子的脑容量多一些，然后到“直立人”时脑容量直接从 700 立方厘米跳到 1300 立方厘米，“智人”的脑容量达到 1400 立方厘米。尽管如此，在哺乳动物的世界中，海豚比我们还要领先，它的脑容量在 1500 立方厘米左右。

认为海豚是世界上除人类以外最聪明的动物这种想法，当然并非不合逻辑。不过，这个排名某种意义上多少有点以人类为中心来对比智慧高低，然而这种做法本身尚未被过多讨论，甚至还具有争议。我们在这里还是谈一谈认知能力。认知能力与脑容量有关，特别是和神经元之间互连的数量有关。人类只发展了大脑潜能中与他们的文化和教育相关的一部分。赫内 · 巴赫札维勒在他的小说作品里，将天赋异禀的“点亮的大脑”和占人群中大多数的“从未启动的大脑”区分开来。大脑或多或少是由以下因素形成，甚至由以下因素格式化：教育、生活经验和交友的质量。但身处文化的世界里，对于已经被过度讨论的自然与文化的关系这一问题，我们点到为止。

在此，我们满足于跟随大自然的进化：它一步一步地不断地创造出新事物，并且没有消除先前进化取得的成果。每一个进化阶段都在陆地生态系统的广阔世界里得以体现：真核细胞并没有消灭细菌，多细胞生物继续与单细胞生物共存，人类也与其他物种共存。这每一个步伐都从整体上丰富了生物的多样性，而结合原理是其中一个至关重要的因素。

人类社会

关于世界征程的简短回顾

人类部落从已有20万年历史的“智人”出现时便开始形成。一定数量的民众围绕在一个被赋予权力的萨满周围生存，独立的个体在那里无法幸存。狩猎大猎物如鹿、驼鹿和野猪是部落里的主要活动，也有更加危险却必不可少的猎杀黑熊行动，因为黑熊的皮毛可被制成保暖的衣物。然而，等到我们这个时代，穿戴毛皮大衣会被当作一种象征着虐待动物的行为而被人们唾弃。

相反地，在人类历史的另一端，通过全球化和现代通信手段相互联系的社会显得尤为复杂。当德日进深信的“精神步伐”被迈出时，人类社会在一个壮观的人种多样性中无限发挥。德日进是否有预感到人类聚集的现象会走向它的终点——“欧米伽点”，并形成马歇尔·麦克卢汉提出的“地球村”？这应该就是结合原理作用于地球的最终阶段。我们已经被一个强大的集体性社会演变攻占，这一演变不停地加速。在这个社会演变中，我们已达成共识：地球是我们共同的家园。但是，正如在大恐慌中，民族国家这个阶段难以被超越，人们虽然梦想统一，但却又焦虑地保持着自己的不同性：这正是座右铭为“多样化的统一”的欧洲的挑战。这既是一场战争，也是一项计划。之前，联合国不断地参与到国际性讨论中，它作为各种冲突的共鸣箱，也是承载人类共同体最终希望的机构。在发展程度不同的国家中，共生是规则，共生的产生漫长而艰难，因为思想演变的缓慢和生活方式、语言及宗教的多样性限制了这个进程。人类社会何时才能在多样性中共同繁荣昌盛，而不是满目疮痍呢？

资本主义全球化意识使自由主义和霸权市场成为“现代宗教”，这完全是功利主义之父杰里米·边沁的思想延续。边沁认为社会的目的是让它的每一个成员获得最大的幸福，这也指出了“享乐原理”在现代心理学中无处不在。这一原理就是要给予生活在地球上的每一个人越来越多的乐趣、越来越少的痛苦。每个人都是不同的，因此每个人的首要原则应该是寻找自己的快乐：我优先（因为我值得拥有）。除了“享乐原理”之外是存在于我们消费世界里的攀比：每个人都渴望拥有别人有而自己没有的东西。也因此，潮流就像暴君一样越来越猖狂，并且变化越来越快。就交由广告迎合享乐原则和攀比这两种天性吧，它们也是自由主义的关键词。

苏联解体后，法兰西斯·福山以为可以宣布“历史的终结”，以及一个完全基于全面经济自由主义和为所有人四处寻找最大乐趣的全球化社会的出现。然而，这样的追求将某些人置于一场竞争中，有限的资源不允许让每个人都能获得他们所渴望的资产。因此，就有了我们所知道的挫折的具有威胁性的冲突和脆弱不堪的和平景象。

人类是否误入了歧途？具有意识和自由观念的“智人”的出现将人类不可避免地推到了这条路上，抑或是人类应该去探索其他路径？比如那条唤起古希腊哲学家灵感且主要宗教所推崇的团结、分享与美德之路？我们还没有找到答案。

我们的命运掌握在自己手中。尽管我们拥有令人赞叹的交流方式，但我们依旧会看到冲突、僵化、扩张。这些交流方式有可能被最强硬的意识形态和最危险的权力所利用。我们是否能够建立一个更加人道主义的社会？我们是否可以少一些物质主义和经济主义，并履行更多的义务，比如拯救地球，用更多的爱来浇灌人类文明，我们会成功吗？联合就是以爱为行动。当然，我们也可以联合、结盟，但却是为了发动战争。这是邪恶的永恒问题。到了我们这个思辨阶段，我们要谈论的是正面的结合原理。

“意义”为何再度引发关注

我们的讨论接近尾声，“意义”这一问题再度引起关注，更多的问题浮出水面这些问题首先是科学层面的：我们的这个看法与达尔文主义的研究成果是否一致？答案是肯定的。如果从其本质来看，结合性就是创造新事物，而这些新事物都需要遵循自然淘汰原则，即达尔文时代所说的“变异”。结合性是去创造，而选择则是去淘汰。结合性像是突如其来的巨浪，是宇宙演变的内部创造原理，它解释了代表宇宙演变特点的一些大过渡期。或许，我们将自然选择当作宇宙、生物和人类演变的唯一引擎是错误的。从这里，我们可以看到无论如何，还是需要把自然选择建立在结合原理的基础上，结合性的普世意义使得宇宙演变合乎情理且意义深远。至少，这个词还有“方向”这一层意思。

“意义”这一问题使思想家和科学家十分感兴趣。诺贝尔医学奖得主贾克·莫诺在《偶然与必然》中写道：“人类在宇宙中偶然出现，然后迷失在宇宙冷漠的浩瀚中。人类的命运与职责都没有在任何地方有所提示。”诺贝尔物理学奖得主史蒂夫·温伯格说过：“我们对宇宙了解得越多，它似乎显得越没有意义。”帕斯卡提出同样的问题，他承认“无限空间的永恒沉默”使他感到害怕。三个世纪后，克劳德尔反驳了这种说法，他说：“无限空间的永恒沉默不再让我恐惧，我带着熟悉的信任感漫步其中。我们不是住在一处野蛮并无路可走的沙漠中的迷失角落里。这个世界里的一切，对我们来说都是如同兄弟般亲密且熟悉。”

对于在“意义”的问题上有所疑问的人来说，人择原理具有启发性。物理学家布兰登·卡特在1974年假定，从宇宙的这一端到宇宙的另一端，经过几十亿年，宇宙的物理规律被精确地调整，这使得先是生命再是人类得以出现。既然这是在经历了138亿年的进化后产生的，那么它是个重言式命题。弗雷德·霍伊尔提出了“大霹雳”这个在他自己看来是贬义的说法，他强调对以下宇宙常数做细微调整：质子的质量、电子的质量、引力常数、普朗克常数、光速、宇宙中物质总量、四种力量强度（引力、电磁力、强核力与弱核力），等等。

没有任何一个物理理论可以解释为什么是这些常数值，而不是另一些。比如，如果宇宙的初始密度再高一点，宇宙会在百万年的时间单位里，在万有引力的作用下，自我崩塌成一个空间大收缩，因时间短暂而无法完成复杂性的整个宇宙结构。相反，如果初始密度太低了，那就不会有恒星，也没有星系，不会有更多的生命，更不会有人类。著名的天体物理学家郑春顺，我借用了他的这些数据，调整密度是极高的精度（10^{-60}），他说，就好比，要证明弓箭手放出一支弓箭，射向位于宇宙边界13亿光年处的一个1平方厘米的目标。郑春顺在宇宙的演化之初观察到“造物主原理”的干预，作为佛教徒的他并不称之为“上帝”。

在一本六个作者共同署名的法文著作中，除了我、郑春顺和作为信徒的让-马利·贝尔特他认为宇宙的诞生归功于造物主之外。诺贝尔化学奖得主伊利亚·普利高津，这是他去世前的最后一部作品，已过世的阿尔贝·雅卡尔、亨利·阿特朗和约珥·德·罗奈[①]等另外四位作者，

① 约珥·德·罗奈：《人类创造了生命》，《解开的镣铐》，2010年。

声称他们都认为是世界创造了它本身。一本又一本书关注这个问题，年复一年，约珥·德·罗奈特地给我们展示了一个关于将来的可怕景象：人形机器人与科幻机器人统治的景象，半人类半机器，非人类的后自然机器人被召集到这个世界。技术取代了自然，其他都不再是问题。

我们看待宇宙演变的方式，是否可以在将来、在学校里教给我们的孩子呢？可能性不大，因为尽管有多学科和跨学科的模式，但在实践中，各学科只是继续扎营在它们的地盘上。为了交出一份成绩单，科学家们只得将目光锁定在研究目标的狭窄领域，从而放弃一个合理且有意义的全局视角。然而，我们不是将鼻子放到画布前，近距离地去看一幅绘画作品；为了可以更全面地观察，我们需要后退一段距离。站在适当的距离，我们会观察到整幅图，而且或许也能发现作者的意图——他所想表达的东西。

比较古怪的是，结合原理并没有进入大多数作者的视线。他们全都承认，复杂性在进化过程中越加明显，然而他们着手进行的只是肤浅的研究，甚至有时完全忽视它。如果自然选择是一个重言式[1]，它主张适者生存，

---

① 即同义反复，或套套逻辑，“把同样内容换个方式说”。

同样结合原理也是如此，从夸克直到人类出现。但是在我们大部分当代思想家传播这样毫无意义的想法的社会中，“意义”这一问题很难被拿来讨论。我们满足于观察“意义”这一词的第一个语义，“方向”尾随着分步骤的超级进化；我们也可能采取第二个语义，“含义”的意思。莱布尼兹提出了那个著名的问题：为什么有某物存在而不是什么都没有？每个人都应该根据他的个人信仰来回答。但是，你也可以认为偶然性是最后的赢家。

到了我们这个阶段，我们被要求在以积极结合性为基础的进化和以激烈竞争导致核灾难或是前所未有的生态灾难的社会之间做抉择，前者包含了友谊、团结、合作、博爱、友好、心灵的力量，归根结底为爱。今天，极端自由主义经济赋予生产和消费绝对优先权，我们不断地听到关于极端自由经济的伪假设，而这早晚会使我们回到经济的本义：节省。并将经济放回到它真正的位置上：次要位置。

还有最后一个问题。我们已经提过了第一个问题“大爆炸……和之前？”现在，我们是时候提问“那之后呢？”将来怎么办？结合原理试图将人类聚集到一个如兄弟般相亲且稳定的大家庭中，它是否说了最后一句话？没有什么是不确定的，但什么也没有失去。当然，我们走在错误的路上，就像我忠实的朋友皮埃尔·哈比以他敏锐的先知目光和哲学家警告的文笔在这里指出的那样。但是，他的行动力和他在农业上获得的美好成果让我们看到了一个充满希望的信息。让我们用心倾听，并追随它吧。

人类将面临怎样的未来？

皮埃尔·哈比　撰写

朋友让 - 马利 · 贝尔特提议我们以双声二重唱形式合著一本书，我的第一反应是迟疑的……通过写作、会议、广播、电视、电影，姑且不谈占据了我很大一部分时间的私人聚会，还有哪些是我未曾在这些媒体中谈及的呢？通过我的实践经验，我开始倡议以尽可能最客观的思维方式，来面对反对当今社会模式的一系列抗议活动。即便是纵观历史的发展轨迹，这个连原理、规则和信条都令我反感的社会模式看似可能还有那么一点合理性，然而这一合理性在我们偶尔会感到荒谬的日常生活中却没有任何体现。这是一场已到来与未到来之间的轮回。皮埃尔 · 富尼耶的那句“我们不知去往何方，但我们义无反顾”，对于很多人来说都是相当敏锐的。

我属于具有超感应能力的那一部分人，冥冥中预感到还存在着一种接近真知的逻辑，它只待我们觉悟来改变世界。作为非传统意义上的科研人士，我无法以高等院校承认的学术水平自居，因此只能局限于自己作为自学者分享一些经历，比如我在《从撒哈拉到塞文山脉》[1]一书中描述的一次独特的游历路线。

在阅读让 - 马利的文章时，我才意识到自己可以尽到绵薄之力。在书中，让 - 马利将一幅合成的巨大壁画展现在我们眼前，通过回放的方式再现了地球从诞生之时开始的最遥远的起源。在我个人看来，生命渐进性地出现并非偶然。那么“未来会如何？”合情合理地成为我们要考虑的问题，尤其是在当前的全球背景下。

被强调的“合作”原理使我这个非专业人士感到些许欣慰，并从达尔文的物种竞争学说造成的无法描述的尴尬中解放出来。这一好战原则之所以被挪用到生物进化中，似乎是受到了人为影响。这种最终目标是生命灭绝的对立，也正是可以使生命延续的因子。很显然，对于那部分“为世界焦虑的人”来说，即将来临的演变远

① 皮埃尔·哈比：《从撒哈拉到塞文山脉》，Albin Michel 出版社，《自由空间》系列，2002 年。

无法使他们消除疑虑。在这种情况下，有一批乐天派，他们认为现阶段只是一个过渡期，而悲观主义者则认为全盘皆输。未来会再一次像人类所希望的那样，在真知或者在由愚昧乔装的真知的引领下。我没有任何权威去评判，唯有凭借自身经历和这些经历引发的思考，但我必须承认，我的某些坚定信念并没有随着岁月而更加坚定，它们反倒是越来越模糊，越来越虚无……

出于一种理性的考虑，科学家考量出人类（学者们如此称之）的出现是最晚的。如果非要给出一个时间比的话，我们认为如果把地球的年龄（为 40 亿到 50 亿年）算作 24 个小时，也就是一整日的时间，我们人类是在最后两三分钟才赶到的。那么人类是否代表了进化的顶峰还是地球漫长酝酿期的总结，又或者是一次无异于另一次的偶然的普通组合?

当我们无法为不解之谜找出一个合理的答案时，我个人会借助于诗歌，我们可以在诗歌里放纵自己的想象力，无须提供任何理性或科学性证明。这也证实了苏格拉底的那句名言“我所知道的是，我一无所知”。哪一个意识清晰的人会不服这样的言辞？因为我们口中的“知道”，即便如此广阔无边，也只是真实世界中理性能够倾注和领会的一部分，而且没有毫无非议的真理作为保障。哲学和被思辨炒作的科学远没有达成共识，而这一评定只能使它们停留在观点与假说的层次。但是，因为科学总是以客观方式证明它的见解，也因此占了主导地位，尽管科学无法做到无懈可击。

由于无法对人类现象给出一个合理的解释，我想象着一个有点丧气的地球在问自己："我所创造的这些奇迹有何用？我的美好有何价值，如果没有人欣赏？"然后，地球在完成了自己的工作之后，便决定开始创造人类："我要赋予我的巨大的工作一定的意义，让他们可以欣赏我的美好，享受我为他们所创造的一些美好事物。因为，如果没有这个崇拜者，我的美好还有什么意义呢？"

没有什么可以证明这个富有诗意的古怪想法属于毫无依据的无稽之谈。这一奥秘的神秘给了想象力很大的发挥空间，带有意识的地球这一想法并没有完全排除。造物主的切实存在性，受到一部分人的肯定，也受到另一部分人的否定，因此我们无法确认，走出这一左右为难的窘境的唯一方式是求助于信仰。不可思议的人类是有意识的哺乳动物，这使他们由于一些基本问题经常痛苦不已，包括知道自己某一天会死去，也就是说在世的时间犹如火花转瞬即逝。我们可以理解这一残酷的"爆炸性新闻"在生命的起源就引发了对安全的疯狂追寻。

然而，所有其他的事物都看似生活在此时此刻此处，人类则进入了一个形而上的难以捉摸的空间，其中包括永生不老：在一个假设世界中的延续，一个超自然的世界。无论如何，一无所知的无限性无法使我们排除这一可能性，而有信仰或无信仰则可以逃离理性的评判。每一个灵魂都有各自的选择，即便是无神论也是一种看法，没有人可以给予肯定或否定。

在很长的一段时间内，地球被认为是平的，然后，才被认为是圆的，且在太阳系中自转并公转。当人类的知识不断扩张时，这个富有生息的圆球在空间中被观察到，以人们更易接受的方式，就像是星界无边沙漠中的一片绿洲。即便这显得微不足道，但却是一个伟大的奇迹，我们有幸成为奇迹的受益者，有时当磨难与痛苦巨大无比时，我们依旧无可奈何地坚守着这个地球家园。我们在这个奇迹里，就像是囚犯一样，我们在宇宙空间的几次跳蚤般的跳跃，与我们渺小的生命相比就像是了不起的奇观，而这只会凸显我们在无限真实世界中的偶然性，因为时间与空间的无限延伸。

然而又一次地，一切都存在相对性。是否哪里还有星球住满了有意识的生命体？似乎连功能最强大的望远镜也无法观察到。我们只能领悟通过我们固有的方式表象化与有形化的事实存在。而我们知道这些固有的方式是被限制的，纯粹的现实主义需要考虑到一切事物的无法挽回性，然后满足于我们在地球上共同生活所产生的一种至高无上感，我们称之为喜悦。

遗憾的是，在生命之间的各种合作中，是人类开创了分裂原理和各种各样的对立。我们只需要打开收音机，就可以觉悟：我们的地球多灾多难。为了寻求安全感的部落文化并不仅仅是建立在简单但尚未解决的生物延续的必要性之下，它同时也涉及了宗教信仰、推测和信念。形而上的空间成为矛盾的交汇点，一系列由于对现实误解而产生的结构性对立随之而来。人类历史就是被暴力切割成的一系列断断续续的片段的组合，有着可以与子孙分享的成功和失败的经历。暴力行为甚至被美化，一些人被授予勋章，另一些人被喝彩，因为他们歼灭了自己的同类。

我们就像是被人类针对自己和大自然的恶行所挟持。经历了12000年的农牧业文明之后，现代化原理占了绝对优势，因为现代科技凭借着燃烧能源而迅猛发展。这就是“石油政治”，现代人类赖以生存的最极端方式。“石油政治”这一被解绑的普罗米修斯所带来的最大隐患是它启动了一道与生命的基本原理完全背道而驰的程序。

现在，问题已经不再是保障生命延续的合作的延长，而是损害了生命的违规行为的不断增多。作为地球母亲的管家和仆从，我见证了建立在合成化学基础上的现代农业每天给土壤的生命力、自然环境、水、可再生种子等带来的巨大伤害。很显然，人类非理智行为的根源是因为没有把地球看成生命的绿洲，而是任由一个贪得无厌的嗜食者挥霍的资源矿藏。今天，人们身处一个被金融腐蚀但又产生金融的伪经济中，这一人为现象变得尤为尖锐。

亨利·费尔菲尔德·奥斯本在他的《被掠夺的地球》[1]中，清楚明了地阐述了人类活动对生物圈带来的极为恶劣的负面效应。诸多伟大的哲人都向这本发表于“二战”后的著作致以了崇高的敬意，其中包括阿道司·赫胥黎，他说道：“这本书不可抗拒地将我们的关注都聚焦到了这个时代最急需解决的问题。它倡议一种新的伦理态度，人类与自然资源之间的对话将被视为每个国家都需要践行的道德责任。”爱因斯坦补充道：“当我们阅读这本书的时候，我们可以感觉到，我们大部分时间的政治争吵

---

① 亨利·费尔菲尔德·奥斯本：《被掠夺的地球》，Actes Sud出版社，《Babel》丛书，2008年。皮埃尔·哈比作序。

在深度的真实现状面前变得毫无意义。”这两个看法所显示的不可否认的正确性相辅相成。我们的大部分天赋被认为隶属于一个无限囤积的公设[①]，使我们面临自我灭绝的风险，犹如人类自以为不可战胜这一信念的终结。这一幻想不仅持续，而且在更多领域都被归入这一应用范围的过程中，并逐渐膨胀，越来越多的物理与生物现象被人类大脑更新。人脑吸收着各种各样相互协同的信息，具有越来越宽广且复杂的思维，并在其发明“奇迹”的道路上不断前行。

那么，我们是否因此而最终得到解放，正如我们的进步对我们许下的承诺那样？在观察了整个现状之后，事实似乎正好相反。事实上，现有的原本应该服务于我们的工具都在把我们奴役化。发达的社会在没有这些工具的情况下会变成一幅怎样的景象？人类应该从中吸取的教训是：唯有大自然才有办法保障我们生存的延续。这一很平常的结论，似乎是最不为人们所理解的。这也证明了人类活动以纠缠不休的方式不断破坏人类意识中最美好的景象。我们需要特别无知才会越过人类大脑所创造的辉煌，而不去估量人类在自知之明上所缺乏的悟性。

① 构成科学基础的基本假定。

这种分裂的视角是造成人类社会痉挛的根源，这使得人类扭曲了建立在合理性基础之上的现实领悟。男性是最倾向于摧毁这两个无法分割的原理的人类。可以肯定的是，如果男性可以在社会结构中保持正确的位置，那么历史的模板可能会更加平和。然而，一切总是事与愿违。

我们的竞争模式已经成为一个标准，我们甚至已经体会不到其破坏性的本质。更糟糕的是，还有关于生命的基础教育，比如我们的子孙被教育的方式。事实上，按照一个隐藏着人类对立思维已无法探测的邪恶提纲，他们被教育永远以对立方式为共同生活的原理。单作物耕作制定了典范的标准，所有在此标准之外的都被归入落后者这一模糊概念之列。欧洲将单作物耕作方式传播到所有殖民地，首先是其自身文化多样性的根除。现代化之前的上几个世纪，某些旅行者的文字记录提到了欧洲本土文化的多样性。某些依旧具有特色的社群给予这些时代四处行走的“游客”们一种创造力，这种创造力从最初的原住民在回应急迫的求生时刻时有所体现。所有被居住的空间证明了他们在群落生境中汲取资源的超强能力。生存必要性使然，使他们在当时生存保障几乎只来源于原始生命材料的背景下勇敢求生，发挥创造想象力，而不是像我们今天这般在科技领域的成就中飘飘然。某些依旧按照这种线路图生存的人类社群，他们的社会不稳定会比我们的更晚到来。事实上，我们很多人都希望挽留正在消失的人类财富遗产。

地下无机物质的大面积挖掘使这种逻辑逐渐回归。能源燃烧的时代已经到来。在现代化进程中，即便是科技展现了不可估量的威力，也掩盖不了我们处于有史以来最脆弱时代的事实。文明从此受到可燃烧能源、电力、电子和信息科技等领域的支配。如果某一天人类的这些优势被剥夺了，他们将会很艰难地面对生存需求，然而非洲最偏僻的村庄则远不会受到这类事故的影响。在奔往悬崖的富有国家即“发达”国家和“落后”的国家之间，真理机制正在逐步建立。

所有这些言论并不旨在驱使人们回到“已进化的”人士所嘲讽的“蜡烛时代”，而是要引起人们关注这个全人类都已尊崇为世界标准的系统其本身的偶然性。这个系统被认为可以受到推广，它所带来的进步的最终目的越来越无法预知。所有这些只能巩固在神圣不可侵犯的经济增长的引领下被视为绝对真理的盈利模式，它是政治家们眼中的守护神和拯救者。经济增长，原本应该是解决所有困难的灵丹妙药，却也是组成一种危险模式的第一要素。现代社会唯利是图的本质有诸多特点：残暴、极不公正、谋杀（无论是人与人之间、文化上抑或是经济上），等等。它凸显了人类的犬儒主义和愚昧，固执地认为人类共同生活应该建立在自相残杀的基础上，就像伪经济的全球化。我们的科技创造力驱使我们遵循死亡原理来组织一些各种各样的小型伤亡，甚至大型杀戮的接连到来。侵犯本能，建立在侵犯者的恐惧心理之上，辨别侵略行为的等级性，与之搭配的是一个号称符合伦理道德的准则。哪一个民族可以被赋予持有热核炸弹的权利，又有哪一个民族应该被禁止，仅仅因为某些民族更具智慧更有说服力，而其他民族则被认为未成熟，且会在缺乏意识的情况下启动终极灾难？由此，形成了火药持有者对无助者的卑劣统治。于是，“强者”的所有专横都被常规化。这种卑劣的统治，被某一背景下的道德所掩饰，为潜伏的丑恶蒙上一层面纱，导致了大规模的穷困，并公开地掠夺对所有人的生存来说都必不可少的资源。

在这种全世界和谐共存的组织框架下，或更应该说无组织框架下，人类完全把合作原理推向了风口浪尖。在这个污染严重的地球上，战场、赌场、感化院、超市，天然资源贮藏已经快被耗竭一空，另外，使人越加幼稚的产业化娱乐消费，在全球唯利是图的氛围中成为一种催眠药。它就像是一种万能鸦片，使人们麻木迟钝的同时，似乎可以帮助他们逃离这个令人焦虑的现状。

人类接下来的时间与空间上的计划，成为我们急需探讨的问题。各种负面效应的不断加速使寻求解决方案的紧迫性不断加强。时间的流逝使我们忘记了其实是我们自己正在流逝。我们的历史，自从我们开始与大自然分裂起，一直没有平息过。某些史前考古学家号称，自新石器时代开始没有发现过任何人类斗争。自那时起，暴力行为被千百种借口支持，波澜起伏的历史长河中不断出现建有各种功勋的英雄人物，他们被集体记忆或颂扬或抵制，我们试图将他们永远记住。这只是强调了我们生存条件的偶然性与微不足道性。英雄们也只是如昙花一现，所有试图把他们铭刻在我们记忆中的举措只是让遗忘变得更沉重。从古至今，一直被美化甚至被赞颂的侵犯与暴力行为并没有使我们困惑。这些行为使得人类灵魂深处的好战精神继续得到支持，声称渴求和平的全世界社群一直与此相违背。

关于“您是乐观主义者还是悲观主义者”这一问题，我没有答案。那是否还需要一直不断地追问？未来将会是人类所希望的那样。最好的与最差的相互交错。我们的未来取决于我们的优势：充满恐惧与无知的黑暗，或充满至高无上的超越时空的智慧，如果没有它，我们就不会降生到这个世界。为了更易于我们理解，结合原理使种种现象产生生命的同时，也显示出了这种智慧的存在，并促使我们尊重与保护它。

生态学并不能被缩减为对这一伟大工程的种种领悟。遗憾的是，我们必须承认这一重大命题并没有占据应有的位置。这一意识觉悟是迈向光明的第一步，是原始辨别力。如果需要拿出例证，那么应该是人类无法脱离自然而生存。相反地，大自然在很长一段时间里没有人类的踪影，而且它可以继续在没有人类的情况下生存。人类自取灭亡的程序是无须争议的。长久以来，地球在安静的茫茫宇宙中已成为物种灭绝、诞生和再生的舞台，它似乎毫不在意舞台上的演员。这是我们从无法改变的真实现状中应该吸取的教训。眼前的现状不在于学术结论或正反命题，也不在于被作茧自缚而非被残酷的盖亚所挟持的人类物种的徒劳自救。

我言语的严肃性来自我们面对生命造成的巨大浪费时所表现出的愤怒和痛苦。我们是否可以有别的办法？当然有！但是，这再一次需要真正的智慧。唯有沉默才可以率先展示它，因为它不是心理挣扎与投机行为的根源。

我们对生存的领悟与看法直接影响了我们的行为，自四五个世纪以来，我们试图赋予自身存在方式一定的合理性，其中也包括了对人类与对地球的尊重。但这一尝试的局限性很快就显示了出来，除非是完全撤退出去，否则，如同住在木桶里的第欧根尼一样，想要继续留在这个社会里的人们必须要做出妥协。每一次当我驾驶着自己加满油的汽车，我就是为石油垄断集团和其他旁系组织贡献了财富，当然也破坏了生物圈。我们是否可以不用谢绝时代所给予我们的毫无争议的利益，然后走出进退两难的窘境?

关于有节制地使用资源这一问题似乎显得多余，节制性是大部分非理性问题的解锁密码。因为，所有对生命造成的危害，每一天都在扩大且不断扩张到整个地球。将地球比喻成泰坦尼克号似乎越来越贴切，唯一的不同点是：人类的沉没将不会造成地球消亡。地球也并非坚不可摧的，但是它还可以在很长的时间内保持屹立不倒的状态。

最有可能对我们的洞察力造成阻碍的现象之一是极端的城市化建设。由它所产生出的思维方式被人为地封锁，脱离了现实状况。因此，这种伪智慧毫无依据，它对现实的理解充满了幻想色彩。人类大面积地拥挤在矿物本质的人造环境中生存，使得人类个体与有机环境之间形成了深度隔阂。一场食物短缺可以使我们走出这种奇怪的幻觉。在战争年代，不少城里人都记得被自己遥远的表兄弟也是他们认为的农田“奴役”农村人救助，后者并没有在社会中大展宏图，但是他却拥有一些生活必需品。因为，在这种情况下，援引赫胥黎的话，“最精美的烹饪书籍也不及一顿食之无味的饭”。而从饮食学的角度来讲，啃钻石可能会对身体造成不必要的伤害！

认为大规模的食物短缺是几乎不可能的，而生命持续生存的关键要素——食物是取之不竭的这一想法极其危险。我们是否应该提醒人们今非昔比？今天，所有对这一问题起决定性作用的负面指标全部汇集在一起，事态空前严重。其中包括了土壤状态、对地下水位造成负面效应的大面积化学单作物耕作，等等。

在这里，我必须坦言我内心所焦虑的问题，然后把我个人对人类未来的卑微观点表达出来。当然，我既不是头发蓬乱会掐指预算未来，并在众人聚集的广场上大声宣布的预言家，也不是一个靠观察动物内脏来预言未来的肠卜僧。他们所提到的可能发生的事都是建立在最客观的考察之上，即便其中不乏直觉，但我也大都可以在不同的情况下验证它们的准确性。

我们与大自然之间最密不可分的合作这一最至关紧要的问题，在让 - 马利的回顾中已被阐明，它是否可以重新回归或被视为受人类理智所启发的不可不考虑的原理？面对这一合作的违规行为时有发生，在我们的意志力可以做到的范围内，我们应该从哪里着手呢？只抓症状表象并不是根治的办法，我们应该借助于可持续发展和一些被人称道的创议等建立和谐共生的良性逻辑。不幸的是，在享用有机食品和太阳能取暖的同时，我们依旧可以剥削自己的同类。

这一简单的观察应该已经可以让我们更清晰地看待可持续发展：它是建立在哪些道德和伦理基础之上的？问题的根源显然在于灵魂与人心。我们可以提出一些具有启发性的思考，使我们未来的发展道路不再如此渺茫与虚幻。我要把著名的“意识觉悟”这一词用“意识提升”来代替，前者使人联想到电路连接，意识就好比一股电流与我们连接在一起。意识被从以往的华而不实的封闭的协议中解放出来，应该站在更高的位置并开阔自己的视野，从而更好地理解现实。

为了客观地合作，我们应该考虑在内的首要事项是埃德加 · 莫兰所说的关于“地球故乡”的界限。这一参数应该从此被归为绝对参照物。这一现实的评定应该能够驱使我们放弃对神圣不可侵犯的经济增长力的盲目追求，况且我们已经意识到我们完全远离了“经济”这一词的本义。事实上，我们所在的体系可以使人类“合法地”施展自己的贪婪性去损害那些“被惩罚的人”，所有的生活必需品都被掠夺并集中在越来越少的人手中。这少数人借用金融给予他们的权力决定着集体的命运，并根据自身的意愿与利益任意更改历史轨迹，无视通过全民选举得以产生的民主政体。

更糟糕的是，金融与政治之间的勾结早已经被一些权威的经济学家揭露，他们为获取公正必不可少的道德观焦虑。尽管如此，在这个欺诈成性的社会背景下，正直、廉洁、公正都已经成为危险的瑕疵。它们会破坏已经混乱不堪但被奉为圣旨的毫无秩序的社会状态。大众舆论作为目标被潜意识灌输，目的是促使他们认可最无耻的谎言。

可以虚拟现实世界的新工具，同样也可以通过各种极其实用的信息而有效地简化生活，这些工具难道不正在抑制人类凭其创造了辉煌历史的自身能力吗？我们可以观察到所有的通信工具都在疏远人与人之间的关系，在一个富有感情且友好的空间里肉体之间的近距离的联系变得越来越难。我们难道不是已经被一种超强化的存在方式所规划？而由这种异常疯狂的生存状态所启发的科技创造性旨在使我们接受自己的命运。“再快一点”这一口号难道不正在改变我们对时间和空间这两大决定寿命的指标的理解？如果情况确实如此，那么也就是说我们已经变成失控的“时间之神”的人质，我们的生存状态毫无停息与节制的可能。在人类从事活动的领域中，一个简单的菜园（我个人可以见证）便可以成为所有过度消耗的解药，因为所有加速植物生长和早熟的策略与人为妙计都是徒劳无功的，耐心才是一切事物的永久良药。

意识起义

所有这些见解一旦被认同，那么另一个问题随之产生：我们是对从根本上改变历史轨迹显得心有余而力不足，还是说存在着一系列只待我们采纳的解决方案？

我们可以概括地说，全球方针并没有与当代社会的真实现状相协调，反倒是猛烈追击并将自己封锁在一个没有出口的死胡同里，而我们的社会已成为革新事物的大实验室。在观察这一愈演愈烈的趋势的同时，一些真正具有正面效应的不断增多的创举正在成为扭转我们命运的重要参数。我们当中越来越多的人已经明白，我们应该重新掌握自己的命运。因此，我们必须自我觉醒，并意识到我们的命运受“时间金钱”这一意识以及由其衍生的专权所支配。

在2002年的法国总统选举期间，我们希望通过一个全国性的首要政治纲领就我们一直切身关注的一些价值问题，测试民众的参与性、冷漠性或排斥性。为此，几番犹豫之后，在朋友们的热切邀请之下，我决定参加总统选举。这个想法有点超现实主义。参选活动开始，我们所有人都为支持我们创议的民众人数之多而惊讶。一份长达四页的声明简述了我们的意图。我们的意图超越了所有具有负面效应的二元对立的政治主张，唯独关注整个社会全局的问题。赞同团结一致的横向参数，即合作性，被放置在中心位置。

我们似乎难以在看到历史的正面性时，不放弃一些成为戒律、信条、教条并带有宗教色彩的关于全球统治的固执观念。最令人望而生畏的无非是在有限的地球空间不受限制的经济增长原理。这是思想极度匮乏的表现，也是人类体系断裂的主要因素之一，因此导致了生存资源分配的极度不均衡状态。这一原理激化了垄断现象。这一本性源自缺乏感所造成的恐慌，即便身处应有尽有的过剩状态。这一贪得无厌被平常化的胃口隐藏着肮脏不堪的丑态，它甚至被“再多一点”的意识所美化，永久性地推迟它原本早该为全球社会带来的满足感。

我们在2002年所做的尝试，常规政治体系从未提及，它所唤起的关注是一个诚信正直的普通人所无法拒绝和认同的。我们非同寻常的计划给予了接受它的那一部分人“一股清新空气”，这是他们自己的原话。这其实是从神圣不可侵犯的带有党派观念的政治观中解放出来，然而，在人类未来去向的重大利害关系面前，这种政治观显得越来越微不足道，并且受到前所未有的全面性挑战。

除了针对经济衰退（我试着用“难能可贵的节制性”来解释，一颗源自节制的救星）所做的大胆言论之外，我们的政纲还包括“置于变革中心的女性力量”。这一观点谈及了女性在粗暴男性社会中的从属地位。建立在学习和谐共存之上的教育将会成为这种未来公民都需面对的荒唐竞争的解药。接受乌托邦主义使我们从令人发愣的理性与因循守旧中解放出来。

我们将自身与地球的关系放在基础位置，横跨至关重要受常规手法过度干扰的食物问题。在生产化学合成的恶性食品的同时，我们损害了土壤的生命力，并使养殖动物遭受难以接受的养殖条件。当地生产当地消费，可以避免对污染不断的运输方式形成依赖。这便是在受到以结合原理为基础的统一策略的影响下所制定的准则，这是将要到来的最令人期待的变革：人类意识的起义。

与生命和谐共存并不是镌刻在华而不实的许愿树上的最后宣言，而是被越来越多的公民所认可且希望的生存必需条件。为了证实我们热切的承诺，我们特此创造了多个更改当前模式的结构。

为生命服务而合作

客观地来说，在地球和谐共存的生存框架下，人类在自己所制定的对立关系中占主导地位。我们可以这样说，正如我也有这样的冲动去表达，对立关系是由人类的恐惧所引发的。这不是关乎由求生本能所导致的动物性恐惧。有多少雌性动物在受到神秘的强制的命令驱使时，尽一切能力保护自己的孩子！我们得以在自己农场里的动物身上观察到了这些。一只不畏辛劳的母鸡一直护卫着小鸡，就像是执行一项重大的任务。然后是不可避免的断奶期的到来，我们似乎听到母鸡对她的孩子说："现在，你要自己面对生活了。"她就这样把接力棒递给了自己的孩子。

这些微小的事情都隐藏着丰富的信息。人类母亲也履行这一义务，但是她对孩子的关怀会持续一辈子。这对她来说，既是喜悦的源泉，也是苦恼与焦虑。安全概念对于人类来说，不仅仅是物质现实，还有受到意识驱使的心理因素。它包括了过去、现在与未来，以及任何事物都无法改变的死亡意识。任何人或事都无法逃避死亡，对于一些信仰来说，死亡是生命的句号，而对于另一些信仰来说，它开启了新的航程。

没有什么比未知世界更使人幻想纷纷。在地球环境的布置中，边界的划分和安全护栏的设置，早在原始部落对安全的寻觅中就有所体现，而在国家层面这一大区域范围内，对安全的追寻自然而然地更显著。这就形成了一种自相矛盾的现象：为了安全而被划分的领土却引发了不安全性，因为人们必须要守护它。领土成了造成大面积破坏与伤亡的武器的最大借口。通过世界末日般的战争，尤其是最后两次世界大战，欧洲以“威严”的方式展示了分裂原理可以导致的局面。如果在第一次世界大战后，胜利者能向战败者伸出一支橄榄枝的话，我们就有可能避免第二次世界大战的爆发。我们并没有准确地估量仁慈的巨大能量。然而，我们一部分人却沉浸在胜利的喜悦中，另一部分人深受凌辱的煎熬。这为复仇埋下了伏笔，之后所发生的暴行我们都很清楚。在这种情况下，合作原本可以向我们证实人类并不缺乏和谐共存的智慧，这种能力对于人类的积极进化来说越来越必不可少。

我们知道对立的态度继续开花结果。在一神论的支持下，圣书上的三大宗教依旧被分离，它们继续对《圣经》上的文字和宗教学说各持己见，这是潜在的巨大冲突的根源。不幸的是，我们的历史道路上每一阶段都设立了宗教路标，而这些标杆有可能会造成圣巴托罗缪之不眠夜。

人类对人类自身进行的掠夺无法预估。在人类社会的不同缩影中，我们可以看到对立性的不同表现方式：不和睦的邻居关系，因为爱情而走到一起的夫妻在法官面前厮斗，等等。如果这些言语被当作一个哲人或者是伦理学家的说辞，那么我当真会感到无比怨悔，我完全认同我们无法逃避或掩饰这一问题，因为它概括了生命向人类集体意识提出的至关重要的问题：为什么我们甘做灾难的罪魁祸首的同时，又为自己的遭遇忏悔？

我们头上的紧箍咒无情地箍紧：造成这些悲剧的原因在我们每个人身上。假使抛开这一论断，我们将会认为自己是他人行为的受害者或是遭受不可抗拒的命运安排：书上早已记载！然而，我们在接受这一情况的同时也启动了一场新的考验，它使我们反省并认识自己的处境，然后意识到认识自我的紧迫性。由此，我们才会清晰地意识到，自我改变先于社会的改变。

这些观点旨在理性地对待主观想法，将其视为一个客观参数，赋予“认识你自己”这句名言应有的合理性，将其视为人类积极演化的主要因素。

人类将面临一个怎样的未来呢？——与生命合作

人类无法脱离自然而生存，但自然却可以脱离人类而存在。这个显而易见的事实应该启发人类，并为人类所采纳的姿态带来灵感。

在观察到人类内部的自我分裂后，人类作为针对所有合作的非理性冲突的受害者，是否可以设想他们建立一致的团结？认为这一受理智所启发的美好安排可以与产生金融利益的金融垄断相容，并使针对人类和自然进行的重大掠夺合法化，这种想法是徒劳的。

引起当代二元性[1]的重大原因之一，是矿产资源，尤其是燃料。它狡猾地演变，并逐步没收生命必不可少的资源，比如土地、水、植物和动物等。富裕的民族，全部往前伸张爪牙利嘴去争夺这些资源，人为地造成了饥

① “人与自然”的冲突。

荒和资源匮乏。在这些严重的自然后果之外，这个行为违反了美丽与作为一切根源的神秘原则的神圣性。

因其可预见和不可预见的后果，冰川消融现象是我们最为担忧的，但它也总会引起那些智力迟缓对地球持着一成不变的看法的人狂欢："真棒！我们将能够发现新资源。"这就等于任由他们继续并更大面积地进行破坏。这种姿态展示了唯利是图的商人的意识状态。在他们无限制掠夺的逻辑里，他们根本无畏自己对人类社会所造成的危险，因为本身就由他们所调控的人类视这些最恶劣的掠夺为正常行为。

在所谓"先进"的社会背景下，他们所大规模生产的所有形态的事物，组成一个模糊不清的思想雾区，或更准确地说是精神层面的。我们酷爱那些被认为是服务于生活的做法，在难以捉摸的迷宫中，以计算机为虚拟化的重要工具，通过不合理的使用，从年幼的孩子就开始传播一些不切实际的幻想。将大脑功能向电脑转移将会造成严重后果。借助这些"神奇工具"，我们通过管治和引导自己的意识，在主导某些工具上达到了前所未有的水平。我们不是正走向可以生产出近乎人类模型的超级工具吗？人类自身已经身处其中的超级依赖感并不是一个好兆头。我们不试图停止进步，但我们应该将其引向真正积极的目的。

在过去几十年中，我致力于研究地球母亲，我只是领会到了至高无上的价值：没有她，其余任何东西都是空谈。然而，她是最容易被善良的人们忽视的，甚至包括那些现行的意识形态授予最优秀奖章的人。关于维持生存的极为重要的因素，这个悖论显示出了对整个人类社会的治理极其有害的愚昧。在这种情况下，一次短暂的食物短缺将是最有效的教训。

具体地说，众所周知，我主张、教授并实践农业生态学。这一学科正是基于各种生命力量之间的合作。它是无论原理、机制和实践都无法做到毫无破坏地生产的农学的解决方案。在它产生各种伤害的同时，我们从中发现了人类最主要生存活动的基础——“人类与自然”这个二元化原理。

受已有合作的启发，用拉瓦锡的格言作为口号：“世上没有什么是可创造的，也没有什么是可失去的，一切都只是在进行转换。”农业生态学，远远不只是一种方式，更是与所有生命力量的联盟。它被实际地运用到地球上最受荒漠化和其他严重灾害影响的地区，它已经证明可以使土壤新生，修复具有合作性的程序，保障那些在旱灾中无法继续生存与繁衍的饥荒人口的生命，因为所有地方都由于高温、风与水的侵蚀以及人类轻率的行为（过度砍伐、数量过剩的宠物、丛林火灾等）而失去了生命能力。

我们不难理解，通过农业生态学所提倡的合作方式，我们其实是站在人类与其自身基本原理所形成的联盟的中心位置，这并非一次普通的偶然性事件。这是为了服务于合作原理和一种新模式的产生，在这一模式中，人类结合性同样可以发挥，因为我们创造了一定数量的机构与运动用于发扬这些价值。

农业生态学是我可以用来证明人与自然之间具有合作潜力的最好的实践证据之一。在农业生态学的实践中，即使是最微小的细菌，以及昆虫、蚯蚓等，都是包含在这些多样化元素用于生命再次共同合作的过程中。在这次合作中，同样也存在热量与太阳辐射、水、空气、宇宙和地球能量。

正是因为我正在进行这种合作，使我写下这些可以供你们阅读的文字，我们此时此地的存在，正是因为生命原理在绝对团结中的相互作用。我们只有一个地球，疯狂者却妄想着殖民月亮或火星。地球是全人类的共同遗产，需要我们结合意愿与能力使之延续下去。这个客观现实应该结束所有自相矛盾的争论，不论我们是何身份有何条件，将我们所有人团结在唯一且相同的目标下：

为了有利于生命而合作。

其实，并非物质资源或技术的缺憾使我们难以达成这个目标，而是我们在抛开恐惧之后的关系中如何展现仁义、分享和团结的能力。而我们每个人的责任是毫不懈怠地迎接这个任重道远的内部工程。我们没有新发明任何事物，如让 - 马利在本书中采用的大量例子指出，自然界中的合作，也就是他笔下的结合原理，是形成大自然的基本原则之一。我们需要抛开自己的自命不凡，停止与显而易见的事实做斗争，谦逊地将我们与所有形式的生命起源之初便已存在的智慧相连。

认为我们可以独自改变世界，这是不现实且自负的。认为世界可以在人类意志的协助下、在生命智慧的引导下有所改变，这才是可取的。在一切以节制为主的时代，向慷慨团结的共同生活条件飞跃，是我们今天唯一毋庸置疑的现实。

绿色发展通识丛书·书目

GENERAL BOOKS OF GREEN DEVELOPMENT

01 **巴黎气候大会30问**

[法]帕斯卡尔·坎芬　彼得·史泰姆/著
王瑶琴/译

02 **大规模适应**
气候、资本与灾害

[法]罗曼·菲力/著
王茜/译

03 **倒计时开始了吗**

[法]阿尔贝·雅卡尔/著
田晶/译

04 **古今气候启示录**

[法]雷蒙德·沃森内/著
方友忠/译

05 **国际气候谈判20年**

[法]斯特凡·艾库特　艾米·达昂/著
何亚婧　盛霜/译

06 **化石文明的黄昏**

[法]热纳维埃芙·菲罗纳-克洛泽/著
叶蔚林/译

07 **环境教育实用指南**

[法]耶维·布鲁格诺/编
周晨欣/译

08 **节制带来幸福**

[法]皮埃尔·哈比/著
唐蜜/译

19 **认识水**

[法]阿加特·厄曾　卡特琳娜·让戴尔　雷米·莫斯利/著
王思航　李锋/译

20 **如果鲸鱼之歌成为绝唱**

[法]让-皮埃尔·西尔维斯特/著
盛霜/译

21 **如何解决能源过渡的金融难题**

[法]阿兰·格兰德让　米黑耶·马提尼/著
叶蔚林/译

22 **生物多样性的一次次危机**
生物危机的五大历史历程
[法]帕特里克·德·维沃/著
吴博/译

23 **实用生态学(第七版)**

[法]弗朗索瓦·拉玛德/著
蔡婷玉/译

24 **食物绝境**

[法]尼古拉·于洛　法国生态监督委员会　卡丽娜·卢·马蒂尼翁/著
赵飒/译

25 **食物主权与生态女性主义**
范达娜·席娃访谈录
[法]李欧内·阿斯特鲁克/著
王存苗/译

26 **世界能源地图**

[法]伯特兰·巴雷　贝尔纳黛特·美莱娜-舒马克/著
李锋/译

27 **世界有意义吗**

[法]让-马利·贝尔特　皮埃尔·哈比/著
薛静密/译

28 **世界在我们手中**
各国可持续发展状况环球之旅
[法]马克·吉罗　西尔万·德拉韦尔涅/著
刘雯雯/译

29 **泰坦尼克号症候群**

[法]尼古拉·于洛/著
吴博/译